云计算与大数据 在生活中的应用

杨勇虎 ◎ 著

吉林出版集团股份有限公司

图书在版编目（CIP）数据

云计算与大数据在生活中的应用 / 杨勇虎著 . 一 长
春：吉林出版集团股份有限公司，2023.4
ISBN 978-7-5731-3040-2

Ⅰ . ①云… Ⅱ . ①杨… Ⅲ . ①云计算②数据处理
Ⅳ . ① TP393.027 ② TP274

中国国家版本馆 CIP 数据核字（2023）第 041968 号

云计算与大数据在生活中的应用
YUNJISUAN YU DASHUJU ZAI SHENGHUO ZHONG DE YINGYONG

著　　者	杨勇虎
责任编辑	滕　林
封面设计	林　吉
开　　本	787mm×1092mm　　1/16
字　　数	233 千
印　　张	11
版　　次	2023 年 4 月第 1 版
印　　次	2023 年 4 月第 1 次印刷
出版发行	吉林出版集团股份有限公司
电　　话	总编办：010-63109269
	发行部：010-63109269
印　　刷	廊坊市广阳区九洲印刷厂

ISBN 978-7-5731-3040-2　　　　　　　　　　　　定价：78.00 元

前 言

信息科技已经成为推动经济和社会发展的主要力量。在电子政务和智能高校建设中已经开始广泛应用物联网、云计算、大数据、移动互联网等新一代的信息技术，这将在很大程度上提升其智能化水平和服务能力。如今，如何有效、科学地在智能高校建设中应用云技术、大数据及移动互联网等新一代信息技术，亦是实施中国复兴战略的重中之重。

全书共七章。第一章为绪论，主要阐述了云计算的由来、云计算的概念与特征、云计算的商业模式、大数据的由来、大数据的概念与特征以及大数据与云计算的关系等内容；第二章为大数据环境下的云计算架构，主要阐述了大数据环境的技术特征、云计算的架构及标准化、国内外的云计算架构和云计算的应用等内容；第三章为云技术在高校校务中的应用，主要阐述了校务服务分类探究、校务服务分类表以及校务服务单元描述等内容；第四章为决策树在高校教学中的应用，重点阐述了决策树基本算法概述、决策树算法在学生素质分析中的应用、决策树算法在高校学生流失分析中的应用、决策树分类技术在高校教学信息挖掘中的应用和决策树技术在高校学生综合测评中的应用等内容；第五章为关联规则在高校校务中的应用，主要阐述了关联规则算法概述、数据挖掘在学生成绩分析中的应用、关联规则在高校贫困生认定中的应用、关联规则在高校科研评价中的应用和数据挖掘在高校学生心理问题中的应用等内容；第六章为云技术及大数据下的高校智能协作平台，主要阐述了高校应用智能协作平台的目标、高校智能协作平台的表现形式、高校智能协作平台服务单元描述、高校智能协作平台的特点与进化和高校智能协作平台的云计算安全等内容；第七章为大数据技术的发展趋势与未来，主要阐述了大数据信息安全与信息道德、大数据挖掘的发展趋势以及大数据技术推动高校发展的对策等内容。

为了确保研究内容的丰富性和多样性，笔者在写作过程中参考了大量理论与研究文献，在此向涉及的专家学者们表示衷心的感谢。

最后，限于作者水平有限，加之时间仓促，本书难免存在一些疏漏，在此，恳请同行专家和读者朋友批评指正！

目 录

第一章 绪 论

随着云计算与大数据的广泛应用，其必然会对 IT 产业的架构和运行方式带来彻底改变。在云计算与大数据变革中，传统的互联网数据中心（IDC）已逐渐被成本更低、效率更高的云计算数据中心所取代，绝大部分的软件将以服务的方式呈现。本章主要从云计算与大数据的由来、云计算与大数据的概念特征等方面展开系统性的论述。

第一节 云计算的由来

一、思想演化

云计算是指将计算分布在大量的分布式计算机上，而非本地计算机或远程服务器中，企业数据中心的运行将与互联网更相似，这使得企业能够将资源切换到需要的应用上，根据需求访问计算机和存储系统。这好比是从古老的单台发电机模式转向了电厂集中供电的模式，它意味着计算能力也可以作为一种商品进行流通，就像煤气、水电一样，取用方便，费用低廉。云计算最大的不同在于它是通过互联网进行流通的。

云计算在思想方面主要经历了四个阶段才发展到如今比较成熟的水平，这四个阶段按照时间顺序依次是电厂模式、效用计算、网格计算和云计算。

（一）电厂模式

由于 IT 行业是一个相对新兴的行业，因此从其他行业取经是其发展不可或缺的一步，例如，从建筑行业引入"模式"这个概念。虽然在 IT 行业中，电厂这个概念不像"模式"那样炙手可热，但其影响是深远的，而且有许许多多的 IT 人在不断地实践着这个理念。电厂模式的意思是利用电厂的规模效应来降低电力的价格，并让用户使用起来更方便，且无须维护和购买任何发电设备。

（二）效用计算

在 1960 年左右，当时计算设备的价格是非常高昂的，远非普通企业、学校和机构所能承受的，所以很多人产生了共享计算资源的想法。特别是在 1961 年"人工智能之父"麦卡锡在一次会议上提出了"效用计算"（Utility Computing）这个概念，其核心是借鉴了电厂模式，具体目标是整合分散在各地的服务器、存储系统及应用程序来共享多个用户，让用户能够像把灯泡插入灯座一样来使用计算机资源，并且根据其所使用的量来付费。接着，在 1966 年出版的《计算机效用事业的挑战》一书中也提出了相似的观点，但由于当时整个 IT 产业还处于发展初期，很多强大的技术还未诞生，比如互联网，所以，虽然这个想法一直都为人称道，但是总体而言却"叫好不叫座"，直到 Internet 迅速发展和成熟后，才使得效用计算成为可能，它解决了传统计算机资源、网络及应用程序的使用方法变得越来越复杂，并且管理成本越来越高的问题，按需分配的特征为企业节省了大量时间和设备成本，从而能够将更多的资源投放到自身业务的发展上。

（三）网格计算

网格计算是一种分布式计算模式。网格计算技术将分散在网络中的空闲服务器、存储系统和网络链接在一起，形成一个整合系统，为用户提供功能强大的计算机存储能力来处理特定的任务。对于使用网格的最终用户或应用程序来说，网格看起来就像是一个拥有超强性能的虚拟计算机。网格计算的本质在于以高效的方式管理各种加入该分布式系统的异构耦合资源，并通过任务调度来协调这些资源合作完成一项特定的计算任务。网格计算中的网格，也就是"grid"，其英文原意并不是我们所认为的网格，而是指电力网格，所以其核心内涵与效用计算非常接近，但是它的侧重点略有不同。网格计算研究如何把一个需要非常巨大的计算能力才能解决的问题分成许多小的部分，然后把这些部分分配给许多低性能的计算机来处理，最后把这些计算结果综合起来解决大问题。可惜的是，由于网格计算在商业模式、技术和安全性方面的不足，使得其并没有在工程界和商业界取得预期的成功。但在学术界，它还是有一定的应用的，比如，用于寻找外星人的"SETI"计划等。

（四）云计算

云计算的核心与前面的效用计算和网格计算非常类似，也是希望 IT 技术能像使用电力那样方便，并且成本低廉。云计算基本继承了效用计算所提倡的资源按需供应和用户按使用量付费的理念。网格计算为云计算提供了基本的架构。云计算和网格计算都希望将本地计算机上的计算能力通过互联网转移到网络计算机。但与效用计算和网格计算不同的是，云计算现在在需求方面已经有了一定的规模，同时在技术方面也已经基本成熟了。因此，与效用计算和网格计算相比，云计算的发展将更加脚踏实地。

二、技术支撑

倘若没有强大的技术作为基础，云计算也只能是"空中楼阁"。云计算主要有五大类技术支持，分别为摩尔定律、网络设施、Web 技术、系统虚拟化和移动设备。

（一）摩尔定律

摩尔定律依旧推动着整个硬件产业的发展，芯片、内存和硬盘等硬件设备在性能和容量方面也得到了极大提升。在这方面，最典型的例子莫过于芯片虽然在单线程性能方面，它并没有像奔腾时代那样突飞猛进，但是已经非常强悍了，再加上多核配置，它的整体性能已达到前所未有的水平。比如，x64 芯片在性能上已经是 8086 的 2000 多倍，而现在用于手机等低能耗移动设备的 ARM 芯片在性能上比过去的大型主机上的芯片都强大得多，同时，现在这些硬件设备的价格也比过去更加便宜。此外，诸如 SSD 和 GPU 等新兴产品的出现都极大地推动着 IT 产业的发展。可以说，摩尔定律为云计算提供了充足的"动力"支持。

（二）网络设施

由于光纤入户的技术不断普及，逐渐实现了"铜退光进"，根据宽带发展联盟 2018 年发布的第三季度的《中国宽带速率状况报告》，现在的固定宽带网络可用下载速率已经达到平均 24.99Mb/s，基本满足了大多数服务的需求，其中包括视频等多媒体服务。再加上无线网络和移动通信的迅速发展，人们在任何时间、任何地点都能使用互联网。互联网早已不再像过去那样是一种奢侈品，而是逐渐演变为社会的基础设施，并使得终端和云紧紧地连在了一起。

（三）Web 技术

Web 技术经过 20 世纪 90 年代的"混沌期"和 21 世纪初的"阵痛期"，已经进入"快速发展期"。随着 Java Applets、VRML、AJAX、iQuery、Flash、Silverlight 和 HTML 等 Web 技术的不断发展，Chrome、Firefox 和 Safari 等性能出色、功能强大的浏览器不断涌现，Web 已经不再是简单的页面。在用户体验方面，Web 已经越来越接近桌面应用，这样用户只要通过互联网与云连上，就能通过浏览器使用各种功能强大的 Web 应用。

（四）移动设备

随着苹果 iOS 和 Android 等智能手机系统的不断发展和进步，手机这样的移动设备已经不仅是一个移动电话而已，更是一个完善的信息终端，再加以目前主流的 4G（第四代移动通信技术），通过它们可以轻松访问互联网上的信息和应用。由于移动设备整体功能越来越接近台式机，通过这些移动设备能够随时随地访问云中的服务。

（五）系统虚拟化

虚拟化技术是云计算系统的核心组成部分之一，是将各种计算及存储资源充分整合和高效利用的关键技术。云计算的虚拟化技术不同于传统的单一虚拟化，它是涵盖整个 IT 架构的，包括资源、网络、应用和桌面在内的全系统虚拟化。通过虚拟化技术可以实现将所有硬件设备、软件应用和数据隔离开来，打破硬件配置、软件部署和数据分布的界限，实现 IT 架构的动态化，实现资源集中管理，使应用能够动态地使用虚拟资源和物理资源，提高系统适应需求和环境的能力。因此，虚拟化技术也是云计算资源池化和按需服务的基础。具体来说，虚拟化技术具有以下特征。

①资源分享：通过虚拟机封装用户各自的运行环境，有效实现多用户分享数据中心资源。

②资源定制：用户利用虚拟化技术，配置私有的服务器，指定所需的 CPU 数目、内存容量、磁盘空间，实现资源的按需分配。

③细粒度资源管理：将物理服务器拆分成若干虚拟机，可以提高服务器的资源利用率，减少浪费，而且有助于服务器的负载均衡和节能。

由上述讨论可知，云计算并不是突发奇想，而是思想和技术两方面不断成熟和发展的产物。

第二节　云计算的概念与特征

一、云计算的基本概念

关于云计算的定义的说法有很多种。到底什么是云计算，至少可以找到 100 种解释。现阶段广为接受的是美国国家标准与技术研究院（NIST）的定义：云计算是一种按使用量付费的模式，这种模式提供可用、便捷、按需的网络访问，进入可配置的计算资源共享池（资源包括网络、服务器、存储、应用软件、服务），这些能够被快速运用，只需投入很少的管理工作，或与服务供应商进行很少的交互。

关于云计算的分类，按照是否公开发布服务可将云计算分为私有云（Private clouds）、公有云（Public clouds）、混合云（Mixed clouds）。

（一）私有云

私有云是指企业自己使用的云，它所有的服务不是供别人使用，而是供自己内部人员或分支机构使用。这种云基础设施专门为某一个企业服务，不管是自己管理还是第三方管理，自己负责还是第三方托管，都没有关系。

私有云的部署比较适合于有众多分支机构的大型企业或政府部门。随着这些大型企业数据中心的集中化，私有云将会成为他们部署 IT 系统的主流模式。相对于公有云，私有云部署在企业自身内部，因此其数据安全性、系统可用性都可由自己控制。

一般可以将私有云的特点归纳为以下几点。

1. 数据安全

虽然每个公有云的提供商都对外宣称，其服务在各方面都是非常安全的，特别是他们对数据的管理。但是对企业而言，特别是对大型企业而言，和业务有关的数据是它们的生命线，是不能受到任何形式的威胁的，所以短期而言，大型企业是不会将其 Mission critical 的应用放到公有云上运行的。而私有云在这方面是非常有优势的，因为它一般都构筑在防火墙后。

2. SLA（服务质量）

由于私有云一般在防火墙之后，而不是在某一个遥远的数据中心，所以当公司员工访问那些基于私有云的应用时，它的 SLA 应该会非常稳定，不会受到网络不稳定产生的影响。

3. 不影响现有 IT 管理的流程

对大型企业而言，流程是其管理的核心，如果没有完善的流程，企业将会成为一盘散沙。不仅与业务有关的流程非常繁多，而且 IT 部门的流程也不少，比如，那些和 sarbanes-Oxley 相关的流程，并且这些流程对 IT 部门非常关键。在这方面，公有云很吃亏，因为假如使用公有云，将会对 IT 部门流程有很大的冲击，如在数据管理方面和安全规定等方面。而对于私有云，因为它一般是设在防火墙内的，所以对部门流程冲击不大。

4. 充分利用现有硬件资源和软件资源

众所周知，每个公司，特别是大公司都会有很多 legacy 的应用，而且 legacy 大多都是其核心应用。虽然公有云的技术很先进，但对 legacy 的应用支持不完善，因为很多都是用静态语言编写的，以 Cobol、C、C++ 和 Java 为主，而现有的公有云对这些语言支持很一般。但私有云在这方面就不错，如 IBM 推出的 cloudburst，通过它能非常方便地构建基于 Java 的私有云。而且一些私有云的工具能够利用企业现有的硬件资源来构建云，这样将极大降低企业的开销。

（二）公有云

公有云是指为外部客户提供服务的云，它所有的服务是供别人使用，而不是自己用。在此种模式下，应用程序、资源、存储和其他服务，都由云服务供应商来提供给用户，这些服务多半是免费的，也有部分按需求和使用量来付费，这种模式只能通过互联网来访问和使用。同时，这种模式在私人信息和数据保护方面也比较有保证。这种部署模型通常都可以提供可扩展的云服务并能高效设置。公有云一般具有以下特点。

1. 数据共享

现代人在工作和生活中使用的电子设备越来越多，每一个设备中都存储有电话号码、电子邮件地址等信息，考虑到不同设备的数据同步方法种类繁多，操作复杂，要在许多不同的设备之间保存和维护最新的一份联系人信息，就必须为此付出难以计数的时间和精力。这时，利用云计算就能使其变得更简单。在云计算的网络应用模式中，数据只有一份，保存在云的另一端，所有电子设备只需要连接到互联网上，就可以同时访问和使用同一份数据。假设离开了云计算，仍然以联系人信息的管理为例，当使用网络服务来管理所有联系人的信息后，可以在任何地方在任何台电脑上找到某个朋友的电子邮件地址，可以在任何一部手机上直接拨通朋友的电话号码，也可以把某个联系人的电子名片快速分享给好几个朋友。当然这一切都是在严格的安全管理机制下进行的，只有对数据拥有访问权限的人，才可以使用或与他人分享这份数据。

2. 安全性

云计算提供了最可靠、最安全的数据存储中心，用户不用再担心数据丢失、病毒入侵等麻烦的发生。

很多人觉得数据只有保存在自己看得见、摸得着的电脑里才最安全，其实不然。你的电脑可能会因为自己不小心而被损坏，或者被病毒攻击，导致硬盘上的数据无法恢复，而有机会接触你的电脑的不法之徒则可能利用各种机会窃取你的数据。反之，当你的文档保存在类似 Google docs 的网络服务上，当你把自己的照片上传到类似 Google picasa Web 的网络相册里，就再也不用担心数据出现丢失或损坏了。因为在"云"的另一端，有全世界最专业的团队来帮你管理信息，有全世界最先进的数据中心来帮你保存数据。同时，严格的权限管理策略可以帮助你放心地与指定的人共享数据。这样，你就可以享受到最好、最安全的服务，甚至比在银行里存钱还方便。

3. 方便性

云计算对用户端的设备要求很低，使用起来也很方便。

大家都有过维护个人电脑上种类繁多的应用软件的经历。为了使用某个最新的操作系统，或使用某个软件的最新版本，必须不断升级自己的电脑硬件。为了打开朋友发来的某种格式的文档，不得不疯狂寻找并下载某个应用软件。为了防止在下载时引入病毒，不得不反复安装杀毒和防火墙软件。所有这些麻烦事加在一起，对于一个刚刚接触计算机、刚刚接触网络的新手来说不啻于一场噩梦！如果你再也无法忍受这样的电脑使用体验，云计算也许是你最好的选择。你只要有一台可以上网的电脑，有一个喜欢的浏览器，要做的就是在浏览器中输入 URL，然后尽情享受云计算带给你的无限乐趣。

你可以在浏览器中直接编辑存储在"云"的另一端的文档，可以随时与朋友分享信息，再也不用担心软件是否是最新版本，再也不用为软件或文档染上病毒而发愁。因为在"云"的另一端，有专业的 IT 人员帮你维护硬件，帮你安装和升级软件。

（三）混合云

混合云是两种或两种以上的云计算模式的混合体，如公有云和私有云混合。它们既相互独立，但在云的内部又相互结合，可以发挥出所混合的多种云计算模型各自的优势。因此，是近年来云计算的主要模式和发展方向。相较于私有云和公有云，混合云具有以下特点。

1. 更完美

私有云的安全性是超越公有云的，而公有云的计算资源又是私有云无法企及的。在这种矛盾的情况下，混合云完美地解决了这个问题，它既可以利用私有云的安全，将内部重要数据保存在本地数据中心；同时也可以使用公有云的计算资源，更高效、快捷地完成工作，相比私有云或是公有云，混合云都更加完美。

2. 可扩展

混合云突破了私有云的硬件限制，利用公有云的可扩展性，可以随时获取更高的计算能力。企业通过把非机密功能移动到公有云区域，可以降低对内部私有云的压力和需求。

3. 更节省

混合云可以有效地降低成本。它既可以使用公有云，又可以使用私有云，企业可以将应用程序和数据放在最适合的平台上，获得最佳的利益组合。

二、云计算的基本特征

（一）虚拟化

虚拟化即抽象化。云计算支持用户在任意位置使用各种终端获取应用服务。所请求的资源来自"云"，而不是固定的有形的实体。应用在"云"中某处运行，但实际上用户无须了解，也不用担心应用运行的具体位置，即对用户保持"透明"。

云计算是通过提供虚拟化、容错和并行处理的软件将传统的计算、网络、存储资源转化成可以弹性伸缩的服务。云计算通过资源抽象特性（通常会采用相应的虚拟化技术）来实现云的灵活性和应用的广泛支持性。使用者所请求的资源来自"云"，而不是固定的有形的实体。应用在云端运行，最终用户不知道云端的应用运行的具体物理资源位置，同时云计算支持用户在任意位置使用各种终端获取应用服务。用户通常并不控制或了解这些资源池的准确划分，但可以知道这些资源池在哪个行政区域或数据中心。

（二）通用性

云计算不针对特定的应用，在云的支撑下可以构造出千变万化的应用，同一个云可以同时支撑不同的应用运行。

（三）超大规模

云具有相当的规模，Google 云计算已经拥有 100 多万台服务器，amazoIBM、微软、Yahoo 等的云均拥有几十万台服务器。企业私有云一般拥有数百甚至上千台服务器。云能赋予用户前所未有的计算能力。

（四）高性价比

现在采用分布式系统的第一个原因就是它具有比集中式系统更好的性价比，不到几十万美元就能获得高性能计算。在海量数据处理等场景中，云计算以 PC 集群分布式处理方式替代小型机加盘阵的集中处理方式，可有效降低建设成本。

在激烈的商战中，守法赚钱当然是第一位的，但是省钱也是另一种"生财之道"。很多 IT 企业都遭遇过这样的尴尬：硬盘坏了，再去买一个新的吧，可是原来那种接口的硬盘绝版了，只能一狠心将硬盘全都换掉，即使找到原来那种接口的硬盘换上了，还得做数据迁移，真是既麻烦又花钱。使用云存储就聪明多了，每一个文件是放到同一个硬盘中，存取过程不需要配合其他硬盘进行的读/写，任何硬盘都可以兼容，旧有的投资不会浪费，硬盘如果坏了，随便买一个插上即可使用，也不需要跟原厂采购，甚至公司内部淘汰的服务器都可以并入云存储中，这极大的延长了硬件的使用期限，也降低了成本。

（五）高可靠性

云使用了数据多副本容错、计算节点同构可互换等措施来保障服务的高可性，使用云计算比使用本地计算机更为可靠。

（六）高利用率

云计算通过虚拟化提高设备利用率，整合现有应用部署，降低设备数量规模。千千万万的电脑都是开着的，可是真正使用率又是多少呢？人们可能只是开着电脑听歌，或者仅仅是在写文档，CPU 的利用率都不到 10%，甚至有时候仅仅只是开着电脑耗电而已。可以想象，如果每一台电脑都在浪费自己 90% 的资源，那这一浪费总量该是多么惊人。云计算和虚拟化结合在一起，就可以避免这样庞大的资源浪费。

在客户眼中，似乎有处理文档的服务器、邮件服务器、照片处理服务器，等等，但其实这些都是一台服务器完成的，它的 30% 的资源用于处理文档，30% 的资源用于处理照片。这样，这台服务器的潜力就得到了最大限度的挖掘。云计算和虚拟化结合，提高了设备利用率，节省了设备数量。

减少设备规模、关闭空闲资源等措施将促进数据中心的绿色节能。通过云计算减少设备的数量，可以大大减少用电量，从而节能环保。

（七）按需服务

云是一个庞大的资源池，按需购买，云可以像自来水、电、煤气那样计费。大规模、多租户、高安全、高可靠是云计算的特征。消费者无须同服务提供商交互就可以自动地得到自助的计算资源能力，如服务器的时间、网络存储等（资源的自助服务）。服务使用者只需具备基本的 IT 常识，经过一般业务培训就可使用服务，无须经过专业的 IT 培训（现有 IT 用户需要经过专业的 IT 培训和认证）。自助服务的内容包括服务的申请/订购、使用、管理、注销等。

（八）极其廉价

由于云的特殊容错措施，人们可以采用极其廉价的节点来构建云，云的自动化集中式管理使大量企业无须负担日益高昂的数据中心管理成本，云的通用型使资源的利用率较之传统系统大幅提升，因此用户可以充分享受云的低成本优势，经常只要花费几百美元、几天时间就能完成以前需要数万美元、数月时间才能完成的任务。

云计算可以彻底改变人类未来的生活，但同时也要重视环境问题，这样才能真正为人类进步做出贡献，而不仅是简单的技术提升。

（九）可扩展性

云计算提供的资源是弹性可扩展的，可以动态部署、动态调度、动态回收，以高效的方式满足业务发展和平时运行峰值的资源需求。我们都知道企业的规模是逐渐强大的，客户的数量是逐渐增多的，随着客户增多，访问量急剧膨胀，应用并没有变慢，也不会"塞车"。这些都得归功于云服务商不断为其提供了更大的存储空间、更强大的信息处理能力。当然，网络使用量也不是每时每刻都保持一致的，夜里十二点之后一直到第二天上午的这段时间除了"夜猫子"之外，很少有人上网，而晚上七点到十点的黄金时间段，网络使用量又会达到峰值。"云"里的资源都可以动态分布，人多的时候，调配的资源也会相应增多，不会出现浪费，同时绝对不会难以满足需求。

（十）节能环保

云计算技术可以将许多地理上分散的低端机器的工作能力整合到一起，来提升资源的使用效率，同时一般由专业的管理团队维护，所以其电源使用效率比普通企业的数据中心出色很多。

（十一）应用分布性

云计算的多数应用本身就是分布式的。如工业企业的应用，管理部门和现场本来就不在同一个地方。云计算采用虚拟化技术使得跨系统的物理资源统调配、集中运维成为可能。管理员只需通过一个界面就可以对虚拟化环境中的各个计算机的使用情况、性能等进行监控，发布一个命令就可以迅速操作所有的机器，而不需要在每台计算机上单独进行操作。企业 IT 部门不再需要关心硬件技术细节，可以将力量集中在业务、流程设计上。

三、云计算带来的变革

以云计算为代表的技术革命对现有的信息产业及应用模式产生了巨大的震动。就连老牌的个人软件企业微软，以及传统的硬件厂商 IBM、惠普、英特尔，都在云计算的浪潮下纷纷发布了其云计算商业和产品策略及规则，软件厂商更是趋之若鹜，纷纷把自己的核心产品冠以云计算的外衣，包装成 SaaS 应用或者 PaaS 平台服务。借助这样的 IT 及信息产业的云时代的脱胎换骨，传统产业乃至人们的生活方式也必将发生极大的改变。

下面我们从个人用户、工业领域、互联网领域、国家政府领域及企业机构用户等几个方面来阐述云计算给我们生活的各个领域带来的变革和机遇。

（一）个人用户

云计算时代将产生越来越多的基于互联网的服务，这些服务丰富全面、功能强大、使用方便、付费灵活、安全可靠，个人用户将从主要使用软件转为主要使用服务。在云计算中，服务运行在云端，用户不再需要购买昂贵、高性能的电脑来运行种类繁多的软件，也不需要对这些软件进行安装、维护和升级，这样可以有效降低用户端系统的成本与减少安全漏洞。更重要的是，与传统软件的使用方式相比，云计算能够更好地服务于用户。在传统方式中，一个人所能使用的软件仅为其个人电脑上的所有软件。而在云计算中，用户可以通过互联网随时访问不同种类和功能的服务。

云计算将数据放在云端的方式给很多人带来了顾虑，通常人们认为数据只有保存在自己看得见、摸得着的电脑里才最安全，其实不然。因为个人电脑可能会被破坏；遭受到病毒攻击，导致硬盘上的数据无法恢复；数据也有可能被木马程序或者有机会接触到电脑的不法之徒窃取或删除；笔记本电脑还存在丢失的风险。而在云环境里，有专业的团队来帮助用户管理信息，有先进的数据中心帮助用户备份数据。同时，严格的权限管理策略可以帮助用户放心地与指定的人共享数据。这就如同把钱存到银行里比放在家里更安全一样。

（二）工业领域

目前，大多数工业领域企业都在着手利用云计算整合其现有的数据中心，实现对以往投资的 IT 资源的充分利用。通过云计算来处理电信运营商所拥有的海量数据，以期降低 IV 系统的成本，提高系统的效率和性能，加强经营决策的实时程度，是电信运营商使用云计算的一个重要领域。

以中国移动研究院在上海移动公司实施的基于云计算的数据挖掘的经营分析试验为例，该试验证明了相对于原先使用的 UNIX 小型机和国外数据挖掘软件，在采用了自主研发的基于 16 个节点的云计算构架的并行数据挖掘工具之后，完成了同等规模的数据挖掘，包括用户偏好分析、业务关联分析等。试验结果表明后者在时间性能上提高了 7 倍，而成本降低为原有的 1/6。

随着信息通信技术的日益发展，电信运营商将推出基于云计算平台的互联网应用，并开放其云计算平台的 API 和开发环境，鼓励越来越多的开发者推出丰富的互联网应用，带动其业务的增长。

（三）互联网领域

在可以预见的未来，信息消费的模式将是这样的图景：通过宽带网连接的若干数据中心里运行着各种服务的云，它们不断将原来储存在个人计算机、手机上的数据吸引到云中，提供给用户超乎想象的计算力，并具有巨大的成本优势。个人及企业用户将不需要学习客户端软件的操作，只需要根据云计算中心提供的简洁的界面和窗口，访问一下站点就可以得到服务。同时，网络化的应用软件能按需定制，收费灵活，并抵制盗版。

只有云计算，才能在大规模用户聚集的情形下提供可用性的服务，而其较低的服务成本又能保持其竞争优势。这些优势使得云计算受到了互联网服务企业的普遍青睐。较大型的互联网企业，像 Google、雅虎都是云计算平台服务商的先驱，而更多的大型互联网企业，如搜狐、百度、腾讯、新浪都在试图从传统的 IDC 架构向云计算平台转型。对于那些每天都在诞生的小型互联网企业，它们看到云计算几乎可以提供无限的廉价存储和计算能力，因此特别愿意采用像 Amazon 这样的云计算架构服务商所提供的效能计算和存储，来快速搭建自己的互联网应用，进而也成为成功的云应用服务商。

（四）国家政府领域

云计算的特殊优势引起了各国政府的关注。2013 年 5 月，日本内务府和通信监管机构透露计划建立一个大规模的云计算基础设施，以支持所有政府运作所需的资讯科技系统，这一系统被命名为 Kasumigaseki Cloud。新的基础设施在 2015 年完工，目的是提高运营效率和降低成本。美国国防部也与惠普达成了一项合作，后者将帮助其建立庞大的云计算基础设施。美国国防信息系统局称，基于网络的云计算模式可以让美国军事人员在 24 小时内配置和使用国防信息系统局网络上的服务器。美国国家航空航天局（NASA）已经建立了称为 Nebula 的云计算环境，开展相关试验。英国由国家 CIO 发布了数字英国报告，呼吁政府部门建立统一的政府云 G-Cloud，以便从云计算的易扩展、快速提供、灵活定价等方面受益。

（五）企业机构用户

对于一个企业用户来说，云计算意味着很多。企业不必再建立自己的数据中心，大大降低了企业运营 IT 部门所需的各种成本。由于云所拥有的众多设备资源往往不是某一个企业所能拥有的，并且这些设备资源由更加专业的团队进行维护，所以企业的各种软件系统可以获得更高的性能和可靠性。另外，企业不需要为每个新业务重新开发新的系统，云中提供了大量的基础服务和丰富的上层应用，企业能够很好地基于这些已有的服务和应用，在更短的时间内推出新业务。

当然，在很多人看来，他们认为云计算并不是对所有的企业和机构都比较适合，比如，对安全性、可靠性都要求极高的银行、金融企业，还有涉及国家机密的军事单位等，除此之外，怎样在云中迁入现有的系统也是一个难题。即便这样，很多普通制造业、零售业等类型的企业都是潜在的能够受益于云计算的企业。而且，那些对安全性和可靠性要求很高的企业和机构，也可以选择在云提供商的帮助下建立自己的私有云。随着云计算的发展，必将有更多的企业用户，从不同方面受益于云计算。

第三节 云计算的商业模式

一、IaaS（Infrastructure as a service）——基础设施即服务

IaaS 是指消费者通过 Internet 可以从完善的计算机基础设施获得服务。云计算发展史上的第二个里程碑，一定属于 Amazon。这是一家随着 B2B 和 B2C 的浪潮而兴起的网上卖书和购物的公司，最初为了支撑庞大的互联网网上购物业务，尤其是要理论上支持在圣诞节等热销集结的庞大并发用户数量的访问和交易，Amazon 部署了大冗余的 IT 计算和存储资源。后来他们发现 IT 支撑资源在绝大部分时间里都是闲置的。为了充分利用闲置 IT 资源，Amazon 将弹性计算云建立起来并对外提供效能计算和存储的租用服务，用户仅需要为自己所使用的计算平台的实际使用付费。这样因需而定的付费，相比企业自己部署相应的 IT 硬件资源以及如软件资源便宜得多。这就是以云计算基础设施作为服务的典型（IaaS），是典型的因技术创新而带动商业模式的创新。

众多的科技创新公司利用 Amazon 提供的 as 模式服务，在不必购买 IT 基础设施及操作系统的前提下，通过即付即用的租用模式在 Amazon 云计算平台上快速搭建和发布自己的丰富多彩的云服务。其意义在于极大地降低了云服务商的行业进入门槛，改变了传统的 IT 基础设施的购买和交付模式，把中小企业很难负担的固定资产投资转化为与业务量相关的运营成本。在美国硅谷，每天都有几个大学生利用 Amazon 云计算 Iaas 来发布自己的云服务从而开始创业的案例。这几年风靡了整个美国的微博客服务 Twitter，正是利用 Amazon 弹性计算员构架的成功的互联网应用，它被美国前国防部部长称为"美国巨大战略资产"，而这样的成功故事，每天都在发生。

二、PaaS（Platform as a Service）——平台即服务

回顾云计算的起步和发展轨迹，不得不谈到 Google 在以搜索为核心的互联网应用的成功故事。

Google 的云计算平台支持很强的容灾性，支持应用的快速自动部署和任务调度，能提供多并发用户的高性能感受。而最关键的是他们做到了每个用户访问都达到最低的运营成本。云计算使得 Google 的成本是其竞争对手的 1/40。这就是从运营成本角度强有力地支持着 Google 的商业模式，即前向提供用户高体验度的互联网服务、吸聚人气，采用后向广告收费的商业模式。Google 用云计算平台构建了世界上最大的一台超级计算机，不仅便宜而且性能强大，很难被复制，从而逐渐发展成为 PaaS 的商业模式。

PaaS 实际上是指将软件研发的平台作为一种服务，以 SaaS 的模式提交给用户。因此，

PaaS 也是 SaaS 模式的一种应用。但是，PaaS 的出现可以加快 SaaS 的发展，尤其是加快 SaaS 应用的开发速度。

三、SaaS（Software as a service）——软件即服务

SaaS 是一种通过 Internet 提供软件的模式，用户无须购买软件，而是向提供商租用基于 Web 的软件来管理企业经营活动。

云计算发展过程中的第三个里程碑来自 Saleforce 公司。起初，这家公司想做数据库管理类软件，并把它卖给企业用户。但是他们研究发现，在数据库管理类软件领域，他们永远打不过甲骨文公司，同时他们还发现，甲骨文公司的昂贵价格让很多企业望而止步，很多工业制造和物流行业的企业花了大价钱买了甲骨文公司的产品后却因为缺少专业知识而不能把它用好。于是，他们决定利用新型的互联网来提供软件服务，从而和甲骨文公司竞争。

这家公司在 1999 年首次通过自己的网站向企业提供以客户管理为中心的营销支持服务软件 CRM，使得企业不必再像以前那样通过部署自己的计算机系统和软件来进行客户管理及营销服务，而只需通过云端的软件来管理，从而为现在的软件及服务（SaaS）奠定了基础。这家位于美国旧金山的科技创新公司，通过向中小企业提供云服务而迅速壮大，他们的企业客户遍布世界各地，这些中小型企业可以不用购买和安装软件来实现其企业信息化服务，且数据都在云端，从而极大地节省了成本，并能最大限度和最方便地实现信息共享和存取，同时也使得 Saleforce 年营业额增速高达 50%。SaaS 模式的云服务可以帮助任何一个不懂 IT 技术的中小企业花很少的运营成本快速并科学地构建适合其商业需求的企业信息化平台，从而极大地推进了企业信息化的进程，也加快了信息化和工业化的融合。

在云计算技术的驱动下，运算服务正从传统的"高接触、高成本、低承诺"的服务配置向"低基础、低成本、高承诺"转变。如今，包括 IaaS、PaaS、SaaS 等模式的云计算凭借其优势获得了在全球市场的广泛认可。企业、政府、军队等各种重要部门都正在全力研发和部署云计算相关的软件和服务，云计算已成为关系国计民生的重要行业。IBM 和 Google 开始与一些大学合作进行大规模云计算理论研究项目，政府和军队的"私有云"正在悄然建设，许多新兴的初创公司和大型企业正在全力研发和部署云计算相关的软件和服务，与此同时，风险投资和技术买家的兴趣也正在迅速发展。"迎着朝阳前进"，这是 IT 技术发源地——美国硅谷对云计算目前发展状态的定位。

四、DaaS——数据即服务

由于大数据体量巨大、增长迅速、多源异构等特征，导致传统"自营"的数据存储模式不再适用于大数据。随着云计算的发展，DaaS 作为一种新型的商业模式，以其可定制的服务、强大的处理能力、按需分配资源的特点正适应于大数据的需求。因此，将大数据

上传至云平台，由 DaaS 提供者对其进行管理成为大势所趋。

DaaS 位于云平台的 IaaS 层，为用户提供数据管理服务，以减轻企业对海量数据的运维成本。此外，以上三种云计算服务模式的成功也为 DaaS 模式的实施提供了必要的软硬件基础模式与支持。其中，IaaS 层负责整合云平台虚拟化的计算、存储、网络带宽等基础设施资源以高可靠、高可用和按需扩展的服务形式提供给用户；PaaS 层对云平台资源进行封装和运维，包括平台开发环境、海量数据结构化、分布式的存储管理系统等；SaaS 层通过标准 Web 浏览器访问接口为上面应用层所承载的复杂应用提供各种软件服务，如信息化应用服务、通信应用服务、互联网应用服务等。

企业或个人可以通过租用云平台使用基于 DaaS 的数据外包服务。DaaS 建立在 IaaS 所提供虚拟化硬件基础设施之上，向上对 SaaS 提供数据支持。此外，由于用户丧失对置于云平台数据的控制权，这导致用户对数据隐私和安全的担忧，因此 DaaS 模式常伴随着可信第三方的介入，负责对云存储中数据完整性、一致性及云平台操作可信性等的验证工作。通用的 DaaS 服务模式架构主要包括四个角色，即数据拥有者、云服务提供商、数据使用者和可信第三方。

①数据拥有者（Data Owner，DO）。DO 是拥有海量的业务数据亟待分析，是云计算资源需求者。DO 通过租用云平台的资源，将数据以外包的形式置于其上并接受 DaaS 服务。然而，由于 DaaS 服务模式导致 DO 丧失数据控制权，进而引发对数据隐私泄露的顾虑和对数据完整性、一致性等审计的需求。

②云服务提供商（Cloud Service Provider，CSP）。CSP 是 DaaS 服务的提出者，负责管理云平台上的各种资源，不断接收来自 DO 上传的数据及相关的服务请求，根据服务等级协议（Service Level Agreement，SLA）为其授权用户提供相应的服务。由于 CSP 是云计算资源的拥有者，因此有对云平台实施安全管理的义务，即记录各个云基础设施安全日志，在一定粒度下监管其上用户行为，防止用户在其上的越权及非法行为。

③数据使用者。与云租户有业务关系，是 DaaS 服务的使用者，在 DO 的授信范围内通过云平台提供的 DaaS 服务使用数据。

④可信第三方（Trust Third Part，TTP）。TTP 并非 DaaS 模式的必备实体，通常由 DO 雇佣，作为业务无关的非受益实体对云平台提供的各种服务进行审计。

此外，从隐私攻防的视角来看，数据隐私窃取者是一个广义实体，可以由其他外部实体充当，通过伪装为合法用户或直接攻击云平台（获取对其的控制权），以实现其窃取目标 DO 置于云平台上敏感信息的目的。

第四节 大数据的由来

一、大数据的产生

（一）企业级应用

随着电子商务业务的拓宽，各行各业信息化应用的普及与深入发展，计算机处理信息的领域不断扩大，其信息处理系统随之产生了大量现行的和历史的重要数据。企业在经营管理过程中，如企业内部业务资源计划系统、业务生产系统、产品市场交易系统、生产资料管理系统、财务系统、办公自动化系统、客户关系管理系统、物流供应链管理系统等都产生了大量的数据，同时也产生了众多文档、交易记录、操作日志、客户反馈等非结构化数据以及传感器数据、图像、视频监控文件等实时多媒体数据。尽管这些企业已经意识到这些复杂格式数据的潜在价值，也通过数据挖掘方法对客户的交易过程、业务处理流程等进行了分析和预测，但是企业所处的信息化环境正在发生着变化，企业应用与互联网、移动互联网的融合越来越快，来自企业外部的非结构化数据在迅速增加。

按照传统的数据管理模式和处理方案来解决大数据的管理与分析存在许多弊端，比如，巨量的存储问题、巨量数据的组织与管理模式问题、巨量数据的分析模式问题。这些已经成为制约数据管理与分析的关键要素，并使企业逐步认识到传统数据管理模式在当前大数据环境下的弊端。因此，"大数据"技术开始向传统企业及组织的 IT 应用领域渗透，一些领先的 IT 企业和组织开始尝试"大数据"技术实验性部署，这势必会引发企业基础 IT 架构、数据处理、应用软件的开发和管理模式等发生一些新的变革。为了抢占先机，在大数据环境的竞争中处于有利地位，国内一些硬件厂商首先进入了大数据部署的产业行列，比如，联想公司最早通过与全球知名的存储公司 EMC 合作，正式进入大数据的企业级应用领域。另外，包括华为公司在内的诸多信息技术产业公司也相继推出了大数据相关产品，如华为公司的四款面向企业级应用的系列产品，其在统一存储领域具有显著优势。除此之外，国内的教育界，如高校、科研机构也在针对大数据的企业级应用提出各种解决方案，并为未来人才培养提出有效的培训方案。

由此可见，企业级应用的需求拉动了大数据管理与分析技术的发展，而 IT 企业的积极参与也加快了这一进程的发展步伐，企业级应用普及成为大数据产生的首要因素。

（二）云计算的出现

云计算是信息技术领域继计算机、互联网之后的第三次革新浪潮。2006 年"谷歌"在搜索引擎大会首次提出"云计算"的概念，短短数年间，云计算给信息领域带来了巨大的变革。目前，从国家角度来看，各国纷纷制订了云计算发展的国家计划，我国也掀起了兴建云计算基地的热潮。对 IT 企业而言，国内外的知名信息技术企业更是竞相推出云计算的产品和系统。另外，学术界也对云计算技术积极展开深入的研究。

尽管对云计算的概念还没有统一的定义，但通常认为，云计算是一种基于互联网的相关服务的增加、使用和交付模式，涉及通过互联网来提供动态易扩展且经常是虚拟化的数据资源。在云计算出现之前，数据大多保存在个人计算机或远程服务器中，而云平台能够将海量的网页数据集中存储到云端，用户仅需通过浏览器或专用的应用程序即可访问云端数据。云计算作为一种新型计算模式，体现了网格计算、分布计算、并行计算、效用计算等技术的融合与发展。

随着以云计算为代表的新型信息技术在国民经济、国家安全、科学研究、社会民生等各个领域的不断深入应用，社会生活模式、工作模式和商业模式也在发生着重大转变，以云计算为代表的信息产业通过其技术设施即服务（IAAS）、平台即服务（PAAS）和软件即服务（SAAS）等服务模式正带动着众多产业形态的创新和改革。目前，"谷歌"云计算平台已经达到了一百多万台服务器的庞大规模，亚马逊、国际商用机器公司、微软、雅虎等公司的云平台也都达到了几十万台服务器的规模。

云计算为数据存储与计算提供了一个新型的平台，这也正为大数据的发展提供了动力。从技术上看，大数据与云计算是密不可分的，云计算作为大数据的基础与平台，而大数据则是云计算的重要应用，两者相辅相成，缺一不可。大数据的特点在于对海量数据的挖掘，其必然无法用单台的计算机进行处理，需要依托云计算的分布式处理、分布式数据库、云存储和虚拟化技术。由此可见，云计算的出现是大数据产生必不可缺的基础。

（三）物联网的应用

物联网是互联网的延伸和扩展，通过局部网络或者互联网等通信技术将射频识别、红外感应、全球定位系统、激光扫描器、蓝牙等信息传感设备进行信息交换和通信，实现对物体的智能化识别、定位、跟踪和监控管理，形成人与物、物与物、人与人之间的互联，实现信息化、远程管理控制和智能化的网络，它包括互联网以及互联网上的所有资源，物联网的用户端延伸和扩展到了物与物、机器与机器之间进行信息交换和通信，因此是新一代信息技术的重要组成成分。

目前，物联网在智能工业、智能农业、智能交通、智能电网等行业都有了一定的应用，巨大的网络连接使得网络上的流通数据大幅度增加。根据互联网数据中心公布的数据，在2005 年机器对机器产生的数据就占据了全世界数据总量的 11%，2020 年这一数值将增加到 42%，届时物联网将会产生更多的数据。

物联网背景下的大数据成倍增长不仅体现在联网终端数量逐渐扩大，同时，由于互联网和电子商务已经渗透到我们身边的每个角落，因此带来了需求不断增长的应用数据的同时，也带来了各个业务领域的数据采集数量的大规模增加。另外，物联网的感知层也出现了多样化的数据需求，涌现了基于物联网领域的感知技术，主要包括传感器、红外技术、蓝牙技术等短距离传输技术，音频、视频、图像、文本等大量数据采集技术。由于这些传感网技术作为物联网最为重要的技术，它们为工业、农业、医疗、教育、交通运输、物流、通信、金融等各行各业及相关领域提供了更为广泛的数据来源与数据资产，也为物联网应用的数据采集提供了丰富的数据源泉。因此，物联网技术已经成为大数据时代的重要技术之一，其技术也极大推动了大数据的发展。

（四）网络信息与数据的剧增

最初形成网络的目的在于提供电子邮件、文件传输协议和网页服务等，而随着互联网的普及，新型互联网应用的不断产生，网络信息与数据不断增长，目前，网络数据量已经占据了大部分的全球数据量。伴随数据量增长而来的是网络中日益增多的数据类型，如文本、图片、视频、声音数据等大量半结构化、非结构化的复杂数据类型应运而生。随着社交网络与媒体的发展，各类论坛、博客、社交网站为用户创建、上传和分享数据创造了更为便捷的方式，社交数据开始急速增加。

此外，网络应用产生的数据不仅来自互联网，而且传统互联网到移动互联网的转变，移动宽带的迅速提升，产生数据的终端由个人计算机转向了包括个人计算机、功能手机等在内的多样化终端，移动互联网也成为网络数据的重要来源。个人智能手机和平板电脑的快速普及，越来越多的人、设备和传感器通过数字网络连接起来产生、分享和访问数据，移动互联网正在逐渐渗透到人们工作和生活的各个领域，移动终端逐渐演变成了一个提供通话管理、游戏娱乐、办公记录、网页浏览、购物理财、视频分享等各类应用在内的运行环境。根据互联网数据中心最新报告，2018 年全球智能手机出货量已达到了 14.049 亿，尤其在印度、印度尼西亚、韩国、越南等市场有较高增长。另外，据 2018 年 8 月 20 日由中国互联网信息中心（CNNIC）发布的第 42 次《中国互联网络发展状况统计报告》指出，截至 2018 年 6 月 30 日，我国互联网普及率已经达到 57.7%，其中，手机网民规模达 7.88 亿，网民通过手机接入互联网的比例高达 98.3%。

由此可见，在移动互联网应用的发展过程中，移动终端使用日益普遍，信息与数据的增长势头仍将持续发展，特别是文本、视频、声音、图像等半结构化数据或非结构化数据的增长势头不可小觑。

二、大数据的由来及发展历程

从 1989—2000 年初期是大数据发展萌芽阶段，在这一时期，它主要体现在一些商业企业、科学研究机构所提出的对于数据挖掘理论、数据库技术的价值。在这一时期，一些商业智能工具和管理技术逐渐被应用在商业领域，应用较为广泛的主要包括比尔·恩门（Bill Inmon）提出的数据仓库、数据库技术管理与数据库设计、知识管理系统、专家系统等。此时，在大数据技术方面，一些词汇如 "Model"（模型）、"Patterns"（模式）、"Identification"

（识别）、"Algorithms"（算法）成为热门的关键词。在发展领域上，大数据的发展范围从商业领域逐渐向科学研究领域渗透。

1989年，在美国享誉盛名的研究与咨询公司高德纳（Gartner）在其报告（*Business Intelligence*）中提出了"商业智能"这个概念，并将其定义为"一组原始数据的采集和转换成有意义、有用的信息，为业务分析目的的一组技术和工具"，该种工具通过采集市场和公司内部的所有数据，使组织能够深入了解新的市场，评估需求和适用性的产品和服务，为不同的细分市场和衡量营销努力的影响。这一时期对数据的认识及其价值侧重在商业方面，认为通过将商场和企业中产生的数据进行知识的转化，可以为企业经营决策、市场的竞争力、实现长期经营稳定性提供新的规划。

1996年，在日本召开的主题为"数据科学、分类和相关方法"会议[该会议也被称为数据分类国际联合会（IFCS）]上，首次将"数据科学"确定为该会议的主题词。在这一时期，被人誉为"数据库仓库之父"的比尔·恩门在其著作《建立数据仓库》《数据仓库管理》等作品中就经常提起大数据一词。

1999年，史蒂夫·布赖森、大卫·肯怀特、迈克尔·考克斯、大卫·埃尔斯沃思以及罗伯特·海门斯在《美国计算机协会通讯》上发表了《千兆字节数据集的实时性可视化探索》一文。这是《美国计算机协会通讯》上第一篇使用"大数据"这一术语的文章（这篇文章有一个部分的标题为"大数据的科学可视化"）。文章开篇指出："功能强大的计算机是许多查询领域的福音，它们也是祸害。高速运转的计算产生了规模庞大的数据。曾几何时我们认为兆字节（MB）的数据集就很大了，现在我们在单个模拟计算中就发现了300GB范围的数据集。但是研究高端计算产生的数据是一个很有意义的实践，不止一位科学家曾经指出，审视所有的数字是极其困难的。正如数学家、计算机科学家先驱理查德·W.海明指出的，计算的目的是获得规律性的认识，而不是简单地获得数字。"10月，在美国电气和电子工程师协会（IEEE）1999年关于可视化的年会上，布赖森、肯怀特、海门斯与大卫·班克斯、罗伯特·范·里拉和山姆·思尔顿在名为"自动化或者交互：什么更适合大数据？"的专题讨论小组中共同探讨大数据的问题。

2000年，彼得莱曼与哈尔·R.瓦里安在加州大学伯克利分校网站上发布了一项研究成果《信息知多少？》。这是在计算机存储方面第一个综合性地量化研究世界上每年产生并存储在四种物理媒体：纸张、胶卷、光盘（CD与DVD）和磁盘中新的以及原始信息（不包括备份）总量的成果。研究发现，1999年，世界上产生了1.5EB独一无二的信息，或者说是为地球上每个男人、每个女人以及每个孩子产生了250MB信息。研究同时发现，"大量唯一的信息是由个人创造和存储的"（被称为"数字民主化"），"数字信息产品不仅数量庞大，而且以最快的速度增长"。作者将这项发现称为"数字统治"。莱曼和瓦里安指出："即使在今天，大多数文本信息都是以数字形式产生的，在几年之内，图像也将如此。"2003年，莱曼与瓦里安发布了新的研究成果：2002年世界上大约产生了5EB新信息，92%的新信息存储在磁性介质上，其中大多数存储在磁盘中。

2003—2006 年，处于围绕非结构化数据研究向自由探索阶段发展时期，也属于大数据发展的突破期。由于网络已经渗透到各行各业，再加上信息化与互联网的融合，非结构化数据的剧增，其解决方案也加快了大数据技术的快速突破。事实上，社交网络服务的兴起推动了非结构化数据与大数据相关处理技术的发展。2004 年，从哈佛大学退学的马克·扎克伯格（Mark Zuckerberg）创立了美国第一个社交网络服务网站 Facebook，此后大规模社交网站的盛行推动了非结构化数据量的迅猛增长。然而，当时学术界、企业界在多角度对数据处理系统、数据库架构并没有形成共识。直到"谷歌"网站发表三篇分别关于 Google File System、MapRe-duce 算法和 Big Table 数据库的学术论文后，逐渐明确了非结构化数据处理的核心与解决方案。

2006—2009 年，形成了并行计算与分布式系统理论，这在一定程度上标志着大数据成熟期的到来，此时大数据研究的热点关键词再次趋于集中，主要聚焦在云计算、大数据、性能、Hadoop 等关键词上。享有国际声誉的科学杂志 Nature、Science 分别于 2008 年和 2011 年推出有关于大数据的专刊，围绕大数据所面临的技术挑战，从互联网技术、超级计算、环境科学、生物医药等方面探讨了科学研究中的大数据处理问题。

2010 年以来，随着互联网的发展，人工智能技术日趋成熟，出现了智慧交通、智慧城市、智慧建筑、智能电器、智能手机等应用，社会生产生活过程中产生了十分庞大的信息与数据，而这些数据具有碎片化、分布式、流媒体等显著特性，因此，迫切需要专家们采用科学化技术手段给出非结构化数据的应用方案，使得大数据能够真正为人类服务。

2011 年 5 月，易安信公司在美国拉斯维加斯举行以"云计算相遇大数据"为主题的会议，抛出了大数据的概念，同年，美国知名咨询公司——麦肯锡公司在其报告 Big Data: The Next Frontier for Innovation, Competition, and Productivity 中对大数据做出了明确的定义，并指出"数据已经渗透到每一个行业和业务职能领域，逐渐成为重要的生产因素；而人们对于海量数据的运用将预示着新一波生产率增长和消费者盈余浪潮的到来"。因此，2011 年被很多业界专家认为是大数据元年。

大数据技术已经成为当今社会的热点研究问题之一，更被认为是可能改变世界格局的 12 项技术中许多技术的基础，移动互联网、知识工作自动化、物联网、云计算、先进机器人、自动汽车、基因组学等研究中都少不了大数据的应用。目前，大数据正在向整合与使用外部数据方面发展、移动数据向直觉和常识方面发展，未来一段时间内，大数据分析、云计算、数据仓库集成方面的相关内容将会得到广泛推广与应用。

第五节　大数据的概念与特征

一、大数据的内涵

大数据（Big data）术语早在 20 世纪 80 年代就被提出，直到 2008 年科学家在 Nature 杂志上撰写文章 *Big data: Science in the petabyte Era*，大数据概念逐渐被人们所熟知。2011 年 Science 杂志推出专刊 Dealing with data，围绕科学研究中的大数据问题展开讨论，说明大数据的重要性。进入 2012 年，大数据的研究热潮开始，全球的许多学术会议均围绕大数据议题开展。虽然大数据的研究与应用获得全球各个国家的高度重视，并取得令人惊叹的成绩，促进了社会经济的快速发展，但是大数据的定义至今未有统一的描述形式，各大研究机构和科研院所，从大数据的各个角度进行阐述得到各自相应的定义形式。

全球著名的管理咨询公司麦肯锡，也是大数据研究先驱者之一，在其研究报告 *Big data: the next frontier for innovation, competition, and productivity*（《大数据：创新、竞争和生产力的下一个前沿领域》）给出大数据的定义：大数据是指无法通过传统的存储管理和分析处理软件进行采集、存储、管理和分析的数据对象集合。同时该报告还强调，大数据不一定要求数据量一定要到 TB 级别。

国际数据公司（IDC）从四个方面来描述大数据，即数据规模量大、数据快速动态可变、类型丰富和巨大的数据价值，具有这些特征的数据集合称为大数据。

研究机构 Gartner 提出：大数据是指超出正常处理范围，迫使用户寻求新的处理模式才能够较好地解决数据分析问题，使其具备更强的决策能力和洞察发现力，获取更多的信息资产。

维基百科关于大数据的定义是指在合理的时间内，无法通过现有软、硬件体系结构对数据资料进行收集、存储和处理，并帮助决策者进行决策服务。

全球最大的电子商务公司亚马逊公司关于大数据的定义更为简单直接，大数据就是指超越台计算机处理能力的数据量。

结合以上几个代表性的定义可知，大数据概念较为宽泛，具备"仁者见仁、智者见智"的特点。大数据除具备数据量大外，还具备数据的多样性，关键是利用现有技术水平和处理模式，无法在一个合理的时间范围内得到所需要的信息资产。这也说明在大数据时代，我们要关心大数据本身的特点，更要关心大数据所具备的功能特征，即能够帮助人们做什么。

在信息科技发展道路上，与大数据相近的另一个术语是海量数据（Vast data），它们都是数据化时代出现的一种现象。它们具有的共同特点是数量大，但两者之间也存在某些显著差异。Informatica 中国区首席产品顾问但彬认为：大数据包含海量数据，但在形式多样性、内容复杂性方面远远超越海量数据，因此在理解大数据时可以认为是由海量数据＋复杂类型的数据构成。正是两者之间存在差异，导致在进行大数据应用时仍然存在许多技术障碍，无法把海量数据处理技术直接迁移至大数据分析环境中。

二、大数据的特征

目前，在描述大数据特征时，一般是按照国际数据公司 IDC 所提的"4V"模型来刻画，即体量大（Volume）、多样性（Variety）、速度快（Velocity）和价值高（Value）。

（一）体量大

当前数据正以前所未有的速度快速聚集和增长，大数据时代已经到来。在电商、社交网络、能源、制造业和服务业等领域都已积累了 TB 级、PB 级甚至 EB 级的数据量。全球著名连锁超市沃尔玛每小时处理 100 多万条用户记录信息，维护着超过 25PB 的客户关系数据库；在科学实验方面，如 2008 年投入使用的大型强子对撞机每年产生 25PB 的数据；社交网络 Facebook 存储的照片已超过 500 亿张。在大数据时代，数据存储单位逐渐被 PB、EB、ZB、YB 所取代。

近年来，数据快速增长趋势一直持续。根据国际数据公司（IDC）的《数据宇宙》报告显示，2008 年全球数据量仅为 0.5ZB，2010 年就达到 12ZB，人类社会正式进入 ZB 时代。根据报告所列举的统计数据可知，2020 年以前全球数据量将保持 40% 的速度快速增长，2020 年全球数据量将达到 40ZB，此现象被人们称为"大数据爆炸定律"。

（二）多样性

大数据除了体量大外，另一个最重要的特征就是数据类型的多样化，即数据存在形式包括结构化数据、半结构化数据和非结构化数据。在早期，数据类型主要是以结构化数据为主，这类型数据存储方便、处理简单、相关的技术非常成熟。在该阶段数据存储主要以关系数据库为主，如 Oracle、SQL Server 等；结构化查询语言（Structure Query Language，SQL）作为访问中间件嵌入各种开发环境中。随着互联网应用的深入，特别是社交网络、电子商务、流媒体应用环境中所出现的文本数据、交互数据、图像、视频和音频等，这些非结构化数据大量涌现加剧大数据环境中数据存储、检索和分析的难度。在 2012 年非结构化数据占有量占整个互联网数据量的 75% 以上。有统计显示，全球结构化数据增长率大约是 32%，而非结构化数据增长率达到 63%。相信在今后数据存储方面仍然以非结构化数据为主，因此，针对非结构化数据的处理技术和模型研究将是大数据时代数据分析的重点。

（三）速度快

大数据环境中速度快有两层含义：一是数据产生快；二是要求分析处理速度快。随着各种高性能存储设备的出现，人们对于数据产生后的高效处理有了物质基础。据统计，每秒人们通过互联网平台发送电子邮件 290 封；亚马逊公司每秒需要处理 72.9 笔客户订单。另外，在日常生活中各种监控网络每时每刻均在产生大量的数据信息，如道路交通监控网络、智慧城市等。大量的数据快速出现，信息价值稍纵即逝。因此，要想从高速、体量大的大数据中获取有效信息，要求相应的大数据分析处理模型具有较高的处理速度，以满足实时性需求。

（四）价值高

大数据拥有大量有价值信息，通过提炼的信息，能够在更高的层面和视角，将在更大的范围帮助用户提高决策力，洞察未来创造出更大的价值和商机，对社会、经济和科学研究等方面具有重要的战略意义。2010 年，医疗科技公司 CardioDX 通过对 1 亿个基因样本的分析，得出能够预测冠心病的 23 个主要基因信息；通过对社交网络和微博上的舆情监控分析，及时跟踪社会动态，实现对突发事件进行预警和疏导。电子商务网站通过对顾客在网络上的点击和停留时间等行为进行分析，实现商品的精准推荐等。

在通常情况下，大数据背后的价值信息分布毫无规律，隐藏较深。发现大数据价值势必为大数据的分析预测环节带来挑战，并要求预测分析系统具备高性能、实时性、可扩展性等特征。纵观大数据特征和分析环境可知，要想实现大数据价值的有效分析需具备三大要素，即大分析（Big Analytic）、大带宽（Big Bandwidth）、大内容（Big Content）。大分析是指通过新的方法实现对大数据快速、高效、实时的分析计算，旨在得出数据之间的隐含规律，帮助用户掌握事件背后的机理、预测发展趋势，得到更大的价值；大带宽是指提供良好的通信设施基础，以便能够在更大的范围、更复杂的环境中，使各节点之间的数据传输高效安全为大分析奠定基础；大内容是指价值信息隐匿较深，需要足够多、足够大的数据才能更加有效地挖掘出其具有的规律。因此，大分析是技术实现途径，大带宽是物质保障，大内容是获取大价值的前提条件。

第六节　大数据与云计算的关系

一、大数据与云计算的关系

大数据的价值开始日益受到重视，人们对数据处理的实时性和有效性的要求也在不断提高。大数据的意义并不在于大容量、多样性等特征，而在于我们如何对数据进行管理和分析，以及如何利用因此而发掘出的价值。如果在分析处理上缺少相应的技术支撑，大数据的价值将无从谈起。

　　具体到企业来说，处于大数据时代的经营决策过程已经具备了明显的数据驱动特点，这种特点给企业的 IT 系统带来的是海量待处理的历史数据、复杂的数学统计和分析模型、数据之间的强关联性以及频繁的数据更新产生的重新评估等挑战。这就要求底层的数据支撑平台具备强大的通信（数据流动和交换）能力、存储（数据保有）能力以及计算（数据处理）能力，从而保证海量的用户访问、高效的数据采集和处理、多模式数据的准确实时共享以及面对需求变化的快速响应。

　　传统的处理和分析技术在这些需求面前开始遭遇瓶颈，而云计算的出现，不仅为我们提供了一种挖掘大数据价值使其得以凸显的工具，而且也使大数据的应用具有了更多的可能性。在大数据时代，云计算为数据分析提供了潜在的自助计算模型。云计算和大数据分析都是虚拟化技术和网格计算模型的延伸，使得云计算成为成本可以远低于传统数据平台的提供业务支持的灵活数据平台。

　　从技术上看，大数据与云计算的关系就像一枚硬币的正反面一样密不可分。大数据必然无法用单台的计算机进行处理，必须采用分布式计算架构。它的特色在于对海量数据的挖掘，但它必须依托云计算的分布式处理、分布式数据库、云存储和虚拟化技术。

　　云计算包括两方面的内容：服务和平台，所以云计算既是商业模式，也是计算模式。比如，美国加州大学伯克利分校在一篇关于云计算的报告中，就认为云计算既指在互联网上以服务形式提供的应用，也指在数据中心提供这些服务的硬件和软件。

　　就目前的技术发展来看，云计算以数据为中心，以虚拟化技术为手段来整合服务器、存储、网络、应用等在内的各种资源，并利用 SOA 架构为用户提供安全、可靠、便捷的各种应用数据服务；它完成了系统架构从组件走向层级再走向资源池的过程，实现了 IT 系统不同平台（硬件、系统和应用）层面的"通用"化，突破了物理设备障碍，达到了集中管理、动态调配和按需使用的目的。

　　借助"云"的力量，可以实现对多格式、多模式的大数据的统一管理、高效流通和实时分析，挖掘大数据的更多价值，发挥大数据的真正作用。

二、大数据与云计算的发展趋势

（一）市场方面

　　传统数据和大数据对比，传统数据可能是 GB 规模到 TB 规模，结构化的数据，增长不快，更主要的是统计和报表。大数据可能就不一样了，规模可能从 TB 到 PB 级了，包括半结构化、非结构化、多维数据，持续实时产生数据，这几年每年增长速度也非常快，也可以做到通过数据挖掘做到预测性分析。大数据实质是大数据技术将被用于在成本可承受的条件下，通过非常快速的采集和成本分析，从大数据量、多类别数据中提取价值。但传统关键型数据库存在性能、存储、成本、瓶颈等原因无法支撑大数据要求，解决方法是分布式技术（云计算一个主要特点）、廉价的 X86 平台，本地存储，分布式技术是大数据处理的基础。

学术界认为，大数据是现有数据处理技术难以处理的超大规模数据，这种定义对于实际应用没有太多意义，除了 IT 巨无霸，一般企业很难达到这种规模的数据。

企业界认为，将自己可利用到的海量数据视为大数据，实际对企业的工作是十分有利的，可以从自己的需求和利益出发，利用新的数据改进企业的工作。

政府部门认为，看法不一样，很多官员认为数据比较多，数据量比较大，整合起来有几十倍的增长，可以有真正的大数据，有些是整合出来的大数据应用，对大数据的理解不一样，也反映出对我们实际应用还是有脱节的地方。特别是与政府需求的脱节，实际政府的大数据、需求是常规处理技术就可以处理的。服务商要生业务的真实需求，常规技术能够解决的不必套用大数据技术的应用。

新一轮信息技术革命与人类经济社会活动的交汇融合发展，引发了数据爆炸式增长，催生了大数据，大数据是一类呈现数据容量大、增长速度快、数据类别多、价值密度低等特征的数据，是一项能够对数量巨大、来源分散、格式多样的数据进行采集、存储和关联分析的新一代信息技术架构和技术。大数据的应用已经开始对全球生产、流通、分配与消费模式产生重要影响，已经深刻改变了我们生产生活方式、经济运行机制和国家治理模式。

1. 国外大数据的发展情况

（1）美国的大数据发展情况

2009 年 1 月，美国总统奥巴马签署了《开放透明政府备忘录》，要求建立更加开放透明、参与合作的政府，体现了美国政府对开放数据的重视。

2009 年，美国行政管理和预算局向白宫提交的《开放政府令》获批准，明确各政府机构要在线发布政府信息，提升政府信息的质量，营造一种开放政府文化并使其制度化。美国开启建立了 Data.gov "开放政府" 承诺的关键部分，可直接向公众开放高价值的数据集，为用户提供海量的原始政府数据。到 2013 年 5 月 13 日统计，这个平台来自 172 个联邦政府不同部门、机构和组织的 373029 条原始和地理空间数据，1209 个数据工具、350 个电脑应用和 137 个手机应用，覆盖了国计民生 50 个门类，除了在国家数据门户网站上整合部分州、地方政府的数据集外，美国还有 40 个州、44 个县市建立了单独的数据门户网站。

2012 年，美国总统奥巴马宣布启动《大数据研究与发展计划》，通过对海量和复杂的数字资料进行收集整理，以提升对社会经济发展的预测能力。涉及很多部门，包括国家科学基金会、卫生研究院、国防部、能源部等相关机构，他还鼓励相关产业、大学、非营利机构与政府一起努力，共享大数据提供的机遇。可以看到美国大数据发展战略已经从商业性质行为上升到国家意志层面。

并且还组建了 "大数据高级指导小组"，以协调政府在大数据领域的投资，达到 2 亿多美金，这也标志着美国已经开始把大数据技术革命作为国家战略，提到更高的层面。

投资方面，美国政府宣布投资 2 亿美元提高大数据技术，来加快科学研究，加强国家安全，改革教学和培训体系来促进专业人才发展。

2013 年，美国发布《政府信息公开和机器可读行政命令》，要求公开教育、健康等七大关键领域数据，并对各政府机构数据开放时间提出了明确要求。2013 年 11 月，美国信息技术与创新基金会发布《支持数据驱动型创新的技术与政策》指出，政府不仅要大力培养所需技能劳动力和推动数据相关技术研发，而且还要制定推动数据共享的法律框架，并提高公众对数据共享重大意义的认识。

美国国家科学基金会以大数据关键技术的突破作为大数据项目的重点，与美国国家卫生研究院对大数据进行联合指标。还积极推进各项大数据相关措施，白宫发布了《2014年大数据白皮书》，也提道："大数据的爆发带给政府更大的权力，为社会创造出极大的资源，如果在这一时期实施正确的发展战略，将给美国以前进的动力，使美国继续保持长期以来形成的国际竞争力。"

美国安全依赖于正确的时间将正确的信息分享给正确的人，战略旨在确保信息在负责、无缝安全的环境中得到共享。

政府颁布的总统令，包括 13526、13556 总统令，实际是为了信息的开放透明，包括敏感信息开放，来减少对公众过多隐瞒。

2016 年 4 月，麻省理工学院推出了"数据美国"在线大数据可视化工具，可以实时分析展示美国政府公开数据库（Open Data）。

（2）欧盟的大数据发展情况

欧盟举办了相关论坛，从 2012 年开始计划 2 年时间内投入 300 万欧元创办互联网论坛，主要讨论欧盟大数据发展方向，为产业、科研和政策制定者们提供一个关于大数据经济的讨论平台。

技术领域发展措施，如增加对 5G 技术的投资，通过加强教育、培训等手段帮助人们消除技术方面的差距，还提出了一系列的举措，包括依托"地平线 2020"做到科研规划，创建开放式数据孵化器。就"数据所有权"和数据提供责任做出新规定，制定数据标准，找出潜在问题。成立多个超级计算中心，在成员国创建数据处理设施网络，建立大数据领域的公私合作关系，来帮助推出具有颠覆意义的大数据理念探讨。

（3）日本的大数据发展情况

2012 年 6 月，日本 IT 战略本部发布电子政务开放数据战略草案，迈出了政府数据公开的关键一步。2012 年 7 月，日本总务省 ICT 基本战略委员会发布了《面向 2020 年的 ICT 综合战略》，提出"活跃在 ICT 领域的日本"的目标，将重点关注大数据应用所需的社会化媒体等智能技术开发、传统产业创新、新医疗技术开发、缓解交通拥堵等公共领域应用。

2. 我国大数据发展状况

2013 年 8 月 8 日，国务院发布了《关于促进信息消费扩大内需的若干意见》，其中提到鼓励智能中产品创新发展，面向移动互联网、云计算、大数据热点，加快实施智能终端产业化工程。2014 年 8 月 27 日，国务院发布了关于促进智慧城市健康发展过程中，加强基于云计算的大数据开发与利用。

2014 年 11 月 27 日，国务院办公厅《关于加快发展商业健康保险的若干意见》，也提出要提升信息化建设水平，政府相关部门和商业保险机构要切实加强参保人员个人信息安全保障，防止信息外泄和滥用，支持商业银行保险机构开发功能完整、安全高效、相对独立的全国性或区域性健康保险信息系统，运用大数据、互联网等现代信息技术，提高人口健康数据分析应用能力和业务智能处理水平。2013 年 11 月 20 日，卫生部也提出在运用大数据、云计算提升的人口健康信息化、业务应用水平。2014 年 8 月专门成立了中国信息协会大数据分会，专门从事大数据采集、整理、分析、应用，以及提供大数据基础设施建设和管理等服务的单位和个人自愿组成的全国性行业自律组织。

2015 年 8 月，国务院发布《促进大数据发展行动纲要》（以下简称《纲要》），这是指导中国大数据发展的国家顶层设计和总体部署。《纲要》明确指出了大数据的重要意义，大数据成为推动经济转型发展的新动力、重塑国家竞争优势的新机遇、提升国家治理能力的新途径。《纲要》清晰地提出了大数据发展的主要任务：加快政府数据开放共享推动资源整合，提升治理能力；推动产业创新发展，培育新兴业态，助力经济转型；强化安全保障，提高管理水平，促进健康发展。《纲要》还提出了组织、法规、市场、标准、财政、人才、国际交流等几方面的政策机制要求。

2015 年 9 月，贵州省启动我国首个大数据综合试验区的建设工作，旨在将贵州大数据综合试验区建设成为全国数据汇聚应用新高地、综合治理示范区、产业发展聚集区、创业创新首选地、政策创新先行区。围绕这一目标，需要重点构建"三大体系"，重点打造"七大平台"，实施"十大工程"。其中，"三大体系"是指构建先行先试的政策法规体系、跨界融合的产业生态体系、防控一体的安全保障体系；"七大平台"则是指打造大数据示范平台、大数据集聚平台、大数据应用平台、大数据交易平台、大数据金融服务平台、大数据交流合作平台和大数据创业创新平台；"十大工程"即实施数据资源汇聚工程、政府数据共享开放工程、综合治理示范提升工程、大数据便民惠民工程、大数据三大业态培育工程、传统产业改造升级工程、信息基础设施提升工程、人才培养引进工程、大数据安全保障工程和大数据区域试点统筹发展工程。通过综合试验区建设，探索大数据应用的创新模式，培育大数据交易中新的做法，建立数据交易的市场试点，鼓励产业链上下游之间的数据交换，规范数据资源的交易行为，促进形成新的业态。大数据综合试验区建设不是简单的建设产业园、数据中心、云平台等，而是探索大数据应用新的模式，比如，大数据的结构、非结构化数据整合与处理方法、非结构化数据存储方法、非结构化数据结构、非结构化数据的并行处理模式等内容，同时，围绕大数据概念、特征及应用领域，结合云计算来研究大数据的虚拟存储方法与综合管理决策的创新应用模式。

2016年，国家发改委正式印发《关于组织实施促进大数据发展重大工程的通知》（以下简称《通知》）。《通知》称，将重点支持大数据示范应用、共享开放、基础设施统筹发展，以及数据要素流通。同时，将择优推荐项目进入国家重大建设项目库审核区，并根据资金总体情况予以支持。国家重点支持的项目，包括社会治理大数据应用、公共服务大数据应用，以及产业发展大数据应用、创业创新大数据应用等项目。《通知》还提到，将组织大数据开放计划，开展大数据全民创新竞赛。建立统一的公共数据共享开放平台体系，以及整合分散的政务数据中心，并首次提到了探索构建国家数据中心体系开展绿色数据中心试点。同时，在最受业界关注的大数据交易方面，《通知》也提到，将重点支持数据要素流通，建立完善国家大数据标准体系，依托已建的大数据交易所探索建立大数据交易平台，提供丰富的数据产品、交易模式等方面的规范制度。

大数据是战略资源竞争的新焦点，因为大数据已成为与物质、能源同等重要的国家基础性战略重要资源。发达国家已经制订了大数据发展战略，行动计划，进口提升拥有数据规模、质量和运用数据能力，来抢占数据制高点。国家之间已经围绕数据掌控权信息能力角逐也日趋积累，网络空间数据主权已经成为国际竞争战略焦点，在整个大数据浪潮之中，我国正在面临从数据大国向数据强国转变的历史性机遇，我们要加强制定实施国家大数据发展战略，以提高我们对数据掌控应变能力，提高我们国家的信息优势，增强我国的综合国力。

大数据也是经济转型、经济增长新的引擎，信息流在引领技术流、物资流、资金流、人才流，深刻影响社会化分工协作的组织模式，促进生产组织方式的集约和创新。大数据技术与应用推动社会生产要素的网络化共享、集约化整合、协作化开发和高效化利用，来改变我们传统生产方式和经济运行机制，来推动整个产业结构调整。大数据正在持续激发商业模式创新，催生产业发展新领域，新业态。

大数据产业正在成为战略性新兴产业和全球经济发展新增长极，正在影响我们国家、国际未来信息产业发展格局。大数据也是提升治理能力的新途径，它能够揭示传统方式难以转变的观念的关系，提升政府整体数据分析能力，提升政府数据开放与共享。大数据通过深化应用，为政府决策者提供全面深化的数据信息、决策依据、政策保证和社情民意，用数据说话，用数据来决策，用数据来管理，用数据来创新的新的管理机制。

推动社会创新应用应该发展民生服务大数据，发展产业升级大数据，推动社会创新应用。

大数据要加快关键技术的研发，包括核心技术攻关，形成大数据的产品体系，围绕数据采集、数据整理、分析挖掘和展现数据应用等环节来推动相关工作，构建大数据产业链，壮大核心产业规模，构建大数据产业链，构建整个大数据的生态体系，形成政产学研用的机制。

要从以下三方面统筹国家大数据资源，包括统筹规划大数据基础设施建设，避免盲目的数据中心基础设施建设；强制推动政府和公共部门数据共享；稳步推动公共数据资源的开放。

数据安全是重中之重，要从健全大数据安全保障体系，加强网络和大数据安全、支撑两方面来推动数据安全的保障。

这是我们对云计算和大数据关系的理解，两者属于不同层次的事情，云计算研究是计算问题，大数据研究的是巨量数据处理问题，巨量数据处理依然属于计算问题的研究范围。因此，大数据也是云计算的一个子领域。应用角度来看，大数据是云计算的应用案例之一，云计算可以过滤无用信息的"神器"，可以高效分析数据，是大数据的实现工具之一，也可以说，大数据推动了云计算的落地，云计算加快了大数据的应用。大数据，云计算，我们认为既有不同，也有联系，大数据处理时为了获得良好的效率和质量，我们常常采用云计算技术。因此，大数据、云计算常常同时出现，造成大家的困惑。

云计算政策环境分析，包括国家发布了政策，即在国家的发展战略中加入了云计算、三网融合等。

由此可见，这是云计算发展的趋势，未来市场会快速增长，产业会加快升级，产品和服务会越来越落地，企业会逐渐寻求转型。云计算是不可错过的历史机遇，云计算是计算技术发展的一次重大变革，必将重塑信息化未来发展模式，对我国信息化的未来发展影响深远，是不可错过的历史机遇。目前，制约云计算发展的主要障碍在于数据安全和隐私保护，发展自主可控的核心技术，可以解决我国发展云计算带来的安全问题。云计算或者真正把计算放到云上去发展相对迟缓，国内产业界做得还是不够，希望通过更多的沟通交流在行业上，包括教育、医疗各个领域的落地。从理念上来讲，利用互联网计算能力可以作为一种公共事业，像电力、自来水、天然气一样通过网络来调度使用，用户只需要一个简易终端插上就形成云计算的想法并不符合信息化发展的客观实际。

3. 云计算大数据推动智慧中国

云计算与大数据技术对于智慧中国建设的推动主要表现在以下几个方面。

①云计算与大数据相辅相成，相得益彰。大数据挖掘处理，需要云计算作为平台，而大数据涵盖的价值和规律，使云计算能够更好地与行业应用结合发挥更大的作用。云计算将计算资源作为服务，支撑着大数据的挖掘，而大数据的发展趋势，为实时交互的海量数据进行查询和分析，提供了各自需要的有价值的信息。

②云计算与大数据结合，将成为人类认识事物的新的工具。实践证明，人类对客观世界的认识，是随着技术的进步以及认识世界的工具更新，而逐步深入。过去人类首先是认识事物的表面，通过因果关系由表及里，由对个体认识进而找到共性的规律。现在将云计算和大数据的结合，人们就可以利用高效、低成本的计算资源，分析海量数据的相关性，快速、高效的共性，是大数据能够促进人类认识的发展的原因。它可以跳过对个性事物的

认识，比较快地找到它的共性的规律，加速了人们对于客观世界有关规律的认识，加速了人类从必然王国，走向自然王国的进程。

③云计算的安全，大数据的信息隐私保护，是云计算大数据快速发展和运用的重要前提。没有网络的安全就没有数据的安全，没有数据的安全就没有信息安全，没有信息安全也就没有云服务的安全，归根到底，没有网络的安全就没有国家的安全。产业及服务要健康、快速的发展，就需要得到用户的信赖，就需要科技界和产业界更加重视云计算的安全问题，更加注意大数据挖掘中的隐私保护问题。从技术层面进行深度的研发，严防和打击病毒和黑客的攻击，保障信息拥有者的自主权。同时加快立法的进度，依法保护信息安全，维护良好的信息服务的环境。

④在广泛运用的实践中，尽快地完善和制定云计算服务的标准，包括各类云服务内部的网络结构的结构标准，使用云服务的准入条件，以及提供云服务企业的资质认证和行业自律，为此完善云计算相关法律和制度，明确信息服务者和信息消费者的权益和责任，建立一套完善云计算标准体系和云计算安全评估认证体系，让云服务提供者有章可循，让云服务者使用放心。

（二）技术方面

1. 社会的变革

云计算和大数据已经带来了像 IT 生产力、计算范式、开发方式这样偏架构和技术的变革，但它们最大的价值在于让社会得以革新与升级。"技术只有当真正能够去改变人的生活时才会更有意义。"而要让社会变革，就必须依靠云计算和大数据重构互联网。

当人们需要出差时，只需要下载相关 APP，就会收到符合用户喜好的航班的推送，供用户选择。当在手机上一键选择完后，相关租车 APP 就跳出来让你直接预约出租车，提供往返机场或异地开会时的接送服务；并且在你预订完机票后，你的手机会自动进入航空公司选座系统……

这一场景的实现，需以云计算为基础，并融合、联通来自各种渠道的海量数据。但目前的情况是，数据和资源都是分散的。现在的互联网有很多问题，比如，每个用户的数据是分散的，这些数据被割裂在不同的设备上、不同的应用间，同时，计算资源也很分散。

所以，互联网需要重构。重构互联网的关键在于搭建统一的云操作系统。"真正的云平台实际上是一个人人共享的统一操作系统，所有数据、服务、用户的 ID、业务系统本身都聚合在一个平台上，形成一个大规模、合作创新的平台。由于有了全局的数据，大数据算法可以发挥作用，这个平台在工程师和用户以及大数据的推动下不断进化，最终会变成一个超大、囊括性的统一智能系统。这本质上就是对互联网的一次重构。"

人与机器合一组成的这个"生命体"，实际上是把最终的结果和产生这个结果的原因连接在一起了，这个"生命体"将会快速进化，最终重构整个社会。

云计算正在改变传统商业模式和产业运行的模式，可以说，它带来了服务模式的革命。

云计算产业具有极大的产业带动力量，在云计算的驱动下，新的业态和新的商业模式将层出不穷，各种融合式创新将接连涌现。

比如，云计算将传统制造业变为绿色低碳和资源节约型产业，将政务、交通、旅游、医疗等行业变成工业流水线一样的高效产业，将 IT 基础设施变成如水电一样按需使用并付费的社会公用基础设施，极大简化了组织的 IT 管理，有效降低了 IT 基础设施成本，全面提升了全社会整体信息化水平。

以医疗产业为例，现在全球蓬勃兴起的"健康物联"，就是基于云计算和大数据，将物联网及其应用与医疗卫生及健康产业进行融合，创造出一个新的产业和经济发展形态。

随着移动互联网、物联网、云计算等技术的发展，包括可穿戴、远程医疗、智能化等医疗电子新应用呈现爆发式增长的态势。

国际金融危机以来，全球主要发达国家纷纷制定"大数据"或"云计算"国家战略。

2010 年，美国制定了"云第一"政策，要求各机构在进行任何新投资之前必须首先对云计算选项的安全性进行评估，并加快向云服务迁移的步伐。

2011 年 2 月，美国联邦政府又发布《联邦云计算战略》白皮书，宣布将 2012 年的 800 亿美元联邦 IT 预算，美国也成为全球第一个发布云计算战略的国家。

与此同时，2012 年 3 月 29 日，美国奥巴马政府推出"大数据研究与开发计划"，提出"通过收集、处理庞大而复杂的数据信息，从中获得知识和洞见，提升能力，加快科学、工程领域的创新步伐，强化美国的国土安全，转变教育和学习模式"。

为启动该项计划，美国国家科学基金会、国立卫生研究院、国防部、能源部等六大联邦机构宣布将共同投入 2 亿美元的资金，用于开发收集、存储、管理大数据的工具和技术。

事实上，美国多家联邦机构在该计划之前就开展了大量的大数据项目，涵盖国防、能源、航天、医疗等各个领域。迟迟走不出"衰退式增长"的日本在积极探索新兴发展战略。日本总务省于 2012 年 7 月新发布"活跃 ICT 日本"新综合战略，今后日本的 ICT 战略方向备受人们关注。

其中，最为关注的是其大数据政策（从各种各样类型的数据中，快速获得有价值信息的能力），日本正在针对大数据推广的现状、发展动向、面临问题等进行探讨。

近年来，日本政府也积极推进云计算的发展，提出了"有效利用信息技术，开创云计算新产业"的发展战略。该战略包括若干具体措施：基于对海量数据的实时处理成果，拓展市场需求领域，构建新的面向对象平台。

日本政府明确表示，希望此举能够推动云计算的发展，以创造更为广阔的服务领域和新兴产业。

除此之外，世界各国政府均将大数据或云计算发展提升至战略高度，创造积极的政策、法律环境；增加产业发展的财政投入，加强人才培养和核心技术的研发，建立先进、巨大的数据中心，促进大数据产业发展。

相比之下，中国大数据和云计算产业发展迅速。2017 年，中国公有云市场规模达到

264.8 亿元，相比 2016 年增长了 55.7%。然而，整体仍处于初级阶段。

近些年，在技术浪潮和产业热情推动下，中国一大批企业进入大数据和云计算市场，但由于目前尚未形成有效的评价、资格认证和准入机制，大数据和云计算尚缺乏大型、可信赖、具有核心知识产权和技术的服务提供商，一定程度上限制了产业规模的扩张。

因此，中国应将大数据产业发展纳入国家发展的战略性项目，与国际大数据发展接轨，解决现阶段大数据发展的核心问题，占据国际产业分工制高点，将其上升为国家创新战略。

首先，尽快启动标准制定。没有标准，云计算产业的发展就难以得到规范健康发展，难以形成规模化和产业化集群发展。标准的内容不仅包括技术标准，而且还要包括服务标准，解决无论是公有云、混合云还是私有云的从规划设计，到系统建设，再到服务运营、质量保障等环节中的各种问题。

其次，加强关键核心技术研发，创新云计算服务模式，支持超大规模云计算操作系统、核心芯片等基础技术的研发，推动产业化，逐步形成一批满足重点领域需求的安全可控关键技术产品。产业部门规划研发，与科技部门不同之处在于更加强调技术的应用"出口"。

最后，加强云计算应用示范推广，面向具有迫切应用需求的重点领域，组织实施试点示范工程，以大型云计算平台建设和重要行业试点示范应用，带动产业链上下游协调发展。

2. 生产力的变革

IT 产业生产力变化，在百度大数据首席架构师林仕鼎看来，可以从四个时间段来分析——大型机时代、PC 时代、互联网时代、云计算时代。

"在大型机时代，硬件是主要的生产力。""到了 PC 时代，软件则成为主要生产力。"而进入互联网时代后，IT 产业生产力变为了软件＋人。"一个软件开发出来后，很多工程师会去不断地升级、完善这个软件。"

那么，云计算和大数据让生产力发生了什么样的改变？"在云时代，IT 产业生产力变革成了系统架构＋数据＋人。"

云计算带来的计算、存储资源集中化效应，以及数据量的激增，都使得系统架构在 IT 产业发展中发挥越来越关键的作用——因为支持云计算和大数据的基础就是系统架构。大数据时代的到来，也使得数据更多地参与到了系统和各种服务的构建中。

"在这个新的时代，软件和系统架构可被看成一整个系统，更多的人参与进来修改、维护、升级这套系统，同时，依靠海量数据来完善这个系统，提升系统性能。"这是新生产力三个要素间的关系。

以百度搜索为例，"用户输入一个搜索请求，有时一开始我们很难确定在搜索结果页面，以什么样的排序呈现给用户合适。那么，我们就会分别依照一定的算法，制定两个排序方法，并在用户中，随机选 5% 的用户使用排序方式 A，5% 用户使用方式 B。之后，将海量的对比结果和数据反馈回机器学习平台，去分析、挖掘相关算法的优势，进而制定出更优的排序方式，完善百度搜索系统。这样，会使用户在百度搜索中更好地获得想要的结果。"

3. 计算范式的变革

实际上，IT产业生产力变革也就意味着计算范式的变化。

计算、存储资源集中化效应，以及海量数据的存储与处理需求，使得系统架构发挥越来越重要的地位，而这一现象也代表着计算范式的变化。计算范式正逐步从桌面系统（单机计算）向数据中心计算发展。

范式的变化同时引发了软硬件设计原则、思路的改变——整个IT产业的技术根基都在发生着剧烈变革。数据中心计算与单机计算相比，在系统设计理念上的一大改变就是对容错的处理思路。"在单机设计理念中，系统一定是越可靠越好，原因很简单，你只有一台机器，坏掉就没了。因此，在设计时，要在系统里面加很多冗余信息和校验逻辑，这样在出现错误后还可恢复。在数据中心计算中，主要是分布式系统。分布式系统假设所有的设备最终都会发生故障，所以它可以容忍任意一台设备出现问题。这使得两者在系统设计上拥有很多差异。"

另外，单机计算和数据中心计算的应用场景也不同，前者是单用户多任务，而后者则是多用户单任务，因此系统设计要更多地考虑并行性问题。百度自主研发的SSD就是这种理念下的产物。

在传统的SSD架构中，是由一个总的SSD控制器来控制下面的Flash存储单元，这样的优势是黑箱化、层次化，不利之处是SSD往往读取较快，写入较慢，容易造成瓶颈。而百度根据应用需求，取消了SSD架构中的写缓冲、擦写平衡等复杂逻辑，大幅简化SSD控制器的设计。通过将一个大的SSD划分为N个单元，每个单元都有独立的控制器和存储单元，这些信息和控制接口暴露给上层存储系统后，形成了多个管道，并行读取、存储效率可以大幅提升。

这种设计上的创新，使得百度自研SSD相对SATA SSD性能提升6倍成本降低10%，相对PCIE Flash性能提升2倍成本降低40%。

第二章　大数据环境下的云计算架构

云计算和大数据的发展是相辅相成的。一方面，云计算为大数据提供存储和运算平台，并运用人工智能技术从海量、多样化的数据中发现知识、规律和趋势，为决策提供信息参考；另一方面，大数据利用云计算的强大计算能力，可以提高数据分析的效率，进而更迅速地从海量数据中挖掘出有价值的信息，其不断增加的业务需求也拓展了云计算的应用领域。这一章将阐述大数据的环境特征，说明云计算如何支持大数据，并重点阐明云计算运用中必须注重的标准化问题，同时列举云计算框架，介绍云计算的运用情况。

第一节　大数据环境的技术特征

一、数据准备环节

在进行存储和处理之前，需要对数据进行抽取、清洗和简化，这在传统数据处理体系中称为 ETL（Extracting Transforming Loading）过程。与以往数据分析相比，大数据的来源多种多样，包括企业内部数据库、互联网数据和物联网数据，不仅数量庞大、格式不一，而且质量也良莠不齐。这就要求数据准备环节，一方面要规范格式，便于后续存储管理；另一方面要在尽可能保留原有语义的情况下去粗取精、消除噪声。

（一）数据抽取

1. 全量抽取

全量抽取类似于数据整体迁移或数据复制，它的思想可以表述为将数据源中的表或视图的数据，从数据库中原封不动地抽取出来，并转换成符合自己所用工具的可以识别的格式。例如，在购物网站上输入"服装"，网站会通过全量抽取方式，把所有符合服装的数据显示出来。这些数据可能涵盖各个类别，如男士服装、女士服装、春季装、夏季装、童装等。

全量抽取采取的是主表加载的策略。所谓主表，即在数据库中建立的存在主键约束的表格，其中主键作为在主表中的唯一性标识，并且与其他表相关联。主表加载策略可以表述为：每次抽取加载数据时，需要根据主键将目标表的数据与源表数据进行比对，如果目标表与源表存在相同记录，则在目标表中删除相关记录，然后将源表数据全部插入目标表。

采用全量抽取可以迅速得到需要抽取的数据，提高了数据抽取效率，大大节省了数据抽取时间，这是全量抽取所具备的优点。当然，全量抽取也有其自身存在的缺点，主要表现为：首先，采用全量抽取，要删除目标表中的相关记录，这一操作增大了数据丢失的风险；其次，全量抽取采用的是根据主键将目标表与源表进行对比，而不是全部字段进行对比，可能造成判断错误，使抽取的数据与用户要求的数据不一致；再次，进行全量抽取，每次都要使用源表与目标表，当表的数量足够多时，会占用较大的空间，增加空间的开销。

2. 增量抽取

增量抽取是数据抽取的另一方式，它在抽取过程中并不是独立的，而是依赖于前一次数据抽取操作。也就是说，增量抽取是在上次数据抽取的基础上，只抽取数据库表中新增、修改、删除的数据。增量抽取相对于全量抽取来说，应用范围更加广泛，例如，在 ETL（Extract-Transform-Load）工具中，数据的抽取主要采用的就是增量抽取方式。在增量抽取方式中，捕获变化的数据是增量抽取的关键。增量抽取对数据的捕获方法一般有两点要求：第一点是准确性，主要指能够将数据库表中的变化数据准确地捕获到；第二点是性能，即尽量减少对数据库系统造成太大的压力，影响数据库系统的正常运行。

（二）数据清洗

数据清洗主要是针对脏数据而采取的保障数据质量的方法，它主要根据一定规则和策略，通过检测、统计、匹配、合并等方法，并利用有关技术，如数理统计、数据挖掘或预定义的数据清洗规则，将脏数据转化成满足数据质量要求的数据并输出。

按照数据清洗的实现方式与范围，可将数据清洗分为四种：一是手工实现方式，用人工来检测所有的错误并改正，这只能针对小数据量的数据源。二是通过专门编写的应用程序，通过编写程序检测／改正错误。但通常数据清洗是一个反复进行的过程，这就导致清理程序复杂、系统工作量大。三是某类特定应用领域的问题，如根据概率统计学原理查找数值异常的记录。四是与特定应用领域无关的数据清洗，这一部分的研究主要集中于重复记录的检测／删除。

（三）数据简化

数据简化是在对噪声数据、无关数据等"脏数据"清洗基础上，基于对挖掘任务和数据特征的理解，进一步优化数据项，以缩减数据规模，进而在尽可能保持原貌的前提下最大限度地精简数据量。数据简化的途径主要有以下两条。

①通过寻找相关在取值无序且离散的属性之间依赖关系，确定某个特定属性对其他属性依赖的强弱并进行比较。通过属性选择能够有效地减少属性，降低知识状态空间的维数。主成分分析的属性选择方法即根据事先指定的信息量（一般是方差最大的是第一主成分），确定主成分分析的层级属性。属性选择主要包括对属性进行剪枝、并枝、找相关等操作。

通过剪枝去除对发现任务没有贡献或贡献率低的属性域；通过并枝对属性主成分分析，把相近的属性进行综合归并处理。

②奇异值分解（Singular value Decomposition，SVD），是线性代数中矩阵分解的方法。假如有一个矩阵 A，对它进行奇异值分解，可以得到三个简化矩阵：将数据集矩阵（M*N）分解成 U（M*M）、E（M*N）、V（N*N）。在相似度矩阵计算过程中，通过 SVD 把数据集从高维降到低维，能够帮助简化数据，去除噪声，减少计算量，提高算法结果。

二、数据存储环节

当前，全球数据量正以每年超过 50% 的速度增长，存储技术的成本和性能面临着非常大的压力。大数据存储系统不仅需要以极低的成本存储海量数据，还要适应多样化的非结构化数据管理需求，具备数据格式上的可扩展性。

数据存储是数据流在加工过程中产生的临时文件或加工过程中需要查找的信息，这种信息以某种格式记录在计算机内部或外部存储介质上。而数据流具有两方面特征：一是数据流反映了系统中流动的数据，表现出动态数据的特征；二是数据存储反映系统中静止的数据，表现出静态数据的特征。目前，数据存储通常采取三种方式：集中式存储、分布式存储、分层式存储。

（一）集中式存储

集中式存储是指通过建立一个庞大的数据库，把各种信息存入其中，各种功能模块围绕信息库的周围并对信息库进行录入、修改、查询、删除等操作的组织方式。集中式数据库系统是由一个处理器、与它相关联的数据存储设备以及其他外围设备组成，它被物理地定义到单个位置，系统及其数据管理被某个或中心站点集中控制，集中式数据存储系统提供数据处理能力，用户可以在同样的站点上操作，也可以在地理位置隔开的其他站点上通过远程终端进行操作。

集中式储存数据通过主控节点维护各从节点的元信息，其优点是人为可控，维护方便，在处理数据同步时更为简单，功能容易实现，并且数据库大小和它所在的计算机不需要担心数据库是否在中心位置。其缺点为，存在单点故障风险，比如，当中心站点计算机或数据库系统不能运行时，在系统恢复之前所有用户都不能使用系统；另外，采用集中式数据存储，从终端到中心站点的通信开销是很昂贵的。

（二）分布式存储

分布式存储是数据库技术与网络技术相结合而产生的，它将数据分散存储在多台独立的设备上。传统的网络存储系统采用集中的存储服务器存放所有数据，存储服务器成为系统性能的瓶颈，同时也是可靠性和安全性的焦点，不能满足大规模数据存储应用的需要。分布式网络存储系统采用可扩展的系统结构，利用多台存储服务器（中心节点）分担存储负荷。

分布式数据库系统有两种结构：一种结构为物理上分布、逻辑上集中的分布式数据库系统；另一种结构为物理上分布、逻辑上分布的分布式数据库。

物理上分布、逻辑上集中的结构是一个逻辑上统一、地域上分布的数据集合，是计算机网络环境中各个节点局部数据库的逻辑集合，同时受分布式数据库管理系统的统一控制和管理，即把全局数据模式按数据来源和用途合理分布在系统的多个节点上，使大部分数据可以就地就近存取，用户不会感到数据是分布的。

物理上分布、逻辑上分布的结构是把多个集中式数据库系统通过网络连接起来，各个节点上的计算机可以利用网络通信功能访问其他节点上的数据库资源。一般由两部分构成：一是本地节点数据，二是本地节点共享的其他节点的有关数据。这种运行环境中，各个数据库系统的数据库有各自独立的数据库管理系统集中管理，节点间的数据共享由双边协商确定。这种数据库结构有利于数据库的集成、扩展和重新配置。

分布式数据存储不仅提高了系统可靠性、可用性、存取效率，而且易于扩展，从而保障了数据存取的大容量性能。同时，分布式存储将数据分布在不同的节点上，减轻了本地节点的负担，提高了本地数据请求的响应时间。而分布式数据存储的缺点是无主控点，致使一些元数据的更新操作的实现较为复杂，不易进行人工控制。由于数据库分布在网络中的各个节点，这就增加了各节点之间通信消费。另外，分布式数据存储与集中式存储在存取结构上存在差异，致使两者不能兼容。

（三）分层式存储

分层式存储也称为层级存储管理，广义上讲，就是将数据存储在不同层级的介质中，并在不同的介质之间进行自动或者手动的数据迁移、复制等操作。分层存储为不同类型的存储介质分配不同类别的数据，借此提高存储效率，减少总体拥有成本。存储类别的选择通常取决于应用对服务级别的需求，具体包括可用性、性能、数据保留的需求、使用频率及其他因素。分层存储最多可以把存储成本节省 50%，因而相对于不断增加存储介质，分层存储是最佳的选择。

分层存储可以在存储阵列创建不同的存储层（使用不同容量或者性能的磁盘驱动器）。创建方式包括为不同数据分配高速缓存，使用有不同特性、物理独立的存储阵列。存储分层可能很复杂，因为存储的数据越来越多，分的层次也就越细。因此，采取分层存储，要根据数据的类型、数据的容量，合理设计存储层次。

采取分层存储需要考虑数据一致性问题、准确率问题、分层介质选择问题、分层级别问题、数据迁移策略问题。数据一致性的问题指对存储在不同层的不同数据的改写操作，可能导致数据的不一致。准确率的问题表现在两个方面：一是存储的数据与用户提供的数据之间无差异；二是数据库提供的数据与用户请求的数据相匹配。因此，设计一套完善的算法或者实现策略来提高数据系统的准确率是分层存储的关键。在构成分层存储的数据库系统中，不同层级之间的介质在存储容量、存取速度、成本等方面是有差别的。因此，采用分层式存储要权衡存储介质的选择，找到一个合适的点，使得成本与效益达到最优化。

分层式数据存储要对数据进行分级，主要包括字节级、块级（包括扇区及簇）、文件级及文件系统级。不同的级别有不同的应用场合，因此，需要根据不同的需求制定不同的分层级别。由于在分层式存储结构中，数据并不集中于同一介质上，当数据库服务器抽取数据时，就会访问多个数据出处；当数据库服务器存放数据时，就会存在多个去向。上述情况的出现就是数据的迁移问题，因此，制定合理的迁移策略，是避免分层式数据存储出现混乱和差错的重要途径。

目前，分层存储的类型主要有基于虚拟化技术的分层存储，如 HiperSAN 技术还有越来越多的厂商提供设备内部分层存储解决方案，比如，使用较低成本的 SATA 设备以及性能较高的光纤通道驱动器。

总之，三种存储方式为数据存储提供了参考，采用何种方式的存储机制，要根据具体情况具体分析。

三、计算处理环节

计算处理环节需要根据处理的数据类型和分析目标，采用适当的算法模型，快速处理数据。海量数据的处理要消耗大量的计算资源，对于传统单机或并行计算技术来说，在速度、可扩展性和成本上都难以适应大数据计算分析的新需求。分而治之的分布式计算成为大数据的主流计算架构，但在一些特定场景下的实时性还需要进一步提升。

根据数据源的信息和分析目标不同，大数据的处理可分为离线 / 批量和在线 / 实时两种模式。所谓离线 / 批量是指数据积累到一定程度后再进行批量处理，这多用于事后分析，如分析用户的消费模式。所谓在线 / 实时处理是指数据产生后立刻需要进行分析，比如，用户在网络中发布的微博或其他消息，这两种模式的处理技术完全不一样。比如，离线模式需要强大的存储能力配合，在分析先前积累的大量数据时，容许的分析时间也相对较宽。而在线分析要求实时计算能力非常强大，容许的分析时间也相对较窄，基本要求在新的数据到达前处理完前期的数据。这两种分析模式造就了目前两种主流的平台 Hadoop 和 Storm，前者是强大的离线数据处理平台，后者是强大的在线数据处理平台。

四、数据分析环节

分析作为数据分析中非常重要的一类方法，长期得到专家学者与应用实践领域的关注。与传统数据相比，大数据具有来源复杂、数据量大等特点，这使得大数据分类分析必须在传统分类分析方法的基础上加以延伸拓展。

待获取数据后，用户可以根据自己的需求对这些数据进行分析处理，如数据挖掘、机器学习、数据统计等。统计与挖掘主要利用分布式数据库，或者分布式计算集群来对存储于其内的海量数据进行普通的分析和分类汇总等，以满足大多数常见的分析需求。分析涉及的数据量大是统计与分析这部分的主要特点和挑战，统计与分析对系统资源会有极大的占用。数据挖掘一般没有预先设定好的主题，主要是对现有数据进行；各种算法的计算，进而起到预测的效果，然后实现高级别数据分析的需求。挖掘大数据价值的关键是数据分析环节。

数据分析环节需要从纷繁复杂的数据中发现规律并提取新的知识，这是挖掘大数据价值的关键。传统数据挖掘对象多是结构化、单一对象的小数据集，而大数据挖掘则更侧重根据先验知识预先人工建立模型，然后依据既定模型进行分析。对于非结构化、多源异构的大数据集的分析，往往缺乏先验知识，很难建立显式的数学模型，这就需要发展更加智能的数据挖掘技术。大数据分类分析需要涉及以下四个方面。

第一，有效的数据质量。任何数据分析都来自真实的数据基础，真实数据是采用标准化的流程和工具对数据进行处理得到的，可以保证一个预先定义好的高质量的分析结果。

第二，优秀的分析引擎。对于大数据来说，数据的来源多种多样，特别是非结构化数据来源的多样性给大数据分析带来了新的挑战。所以，我们需要一系列的工具去解析、提取、分析数据。大数据分析引擎就是用于从数据中提取我们所需要的信息。

第三，合适的分析算法。采用合适的大数据分析算法能让我们深入数据内部挖掘价值。在算法的具体选择上，不仅要求能够处理大数据数量，还涉及对大数据处理的速度。

第四，对未来的合理预测。大数据分类分析的目的是对已有的大数据源进行总结，并且将现象与其他情况紧密连接在一起，从而获得对未来的预测。

大数据分析是以目标为导向的，能够结合需求去处理各种结构化、非结构化和半结构化数据，配合使用合适的分析引擎，输出有效结果。

五、知识展现环节

在大数据服务于决策支撑场景下，以直观的方式将分析结果呈现给用户，是大数据分析的重要环节，如何让复杂的分析结果易于理解是关键。在嵌入多业务的闭环大数据应用一般是由机器根据算法直接应用分析结果而无须人工干预，这种场景下知识展现环节则不是必需的。

第二节　云计算的架构及标准化

一、云计算的架构

云计算是一种新兴的商业计算模型，它利用高速互联网的传输能力，将数据的处理过程从个人计算机或服务器转移到一个大型的计算中心，并将计算能力、存储能力当作服务来提供。云计算至少作为虚拟化的一种延伸，影响范围已经越来越大。云计算基本原理是计算分布在大量的分布式计算机上，而非本地计算机或远程服务器中，从而使企业数据中心的运行与互联网相似。但是，目前云计算还不能支持复杂的企业环境。因此，云计算架构呼之欲出。经验表明，在云计算走向成熟之前，更应该重视系统云计算架构的细节。各厂家和组织对云计算的架构有不同的分类方式，但总体趋势是一致的。

云计算架构主要可分为四层，其中三层是横向的，分别是显示层、中间件层和基础设施层，这三层技术能够提供非常丰富的云计算能力和友好的用户界面。还有一层是纵向的，称为管理层，它是为了更好地管理和维护横向的三层而存在的。

（一）显示层

多数数据中心云计算架构的显示层主要用于以友好的方式展现用户所需的内容和服务体验，并会利用到中间件层提供的多种服务。显示层主要包括以下五种技术。

HTML：标准的 Web 页面技术，HTML5 技术的出现会在很多方面推动 Web 页面的发展，如视频和本地存储等方面。

JavaScript：一种用于 Web 页面的动态语言，通过 JavaScript，能够极大地丰富 Web 页面的功能，并且用以 JavaScript 为基础的 AJAX 可创建出更具交互性的动态页面。

CSS：主要用于控制 Web 页面的外观，而且能使页面的内容与其表现形式优雅地分离。

Flash：业界最常用的 RIA（Rich Internet Applications）技术，不仅能够在现阶段提供 HTML 等技术所无法提供的基于 Web 的富应用，而且用户体验非常不错。

Silverlight：来自微软的 RIA 技术，虽然其现在市场占有率稍逊于 Flash，但由于其可以使用 C# 来进行编程，所以对开发者非常友好。

在显示层，大多数云计算产品都比较倾向于 HTML、JavaScript 和 CSS 的黄金组合，但 Flash 和 Silverlight 等 RIA 技术也有一定的用武之地，如 VMware vCloud 就采用了基于 Flash 的 Flex 技术，而微软的云计算产品肯定会使用到 Silverlight。

（二）中间件层

中间件层起承上启下的作用，它在基础设施层所提供资源的基础上提供了多种服务，如缓存服务和 REST 服务等，而且这些服务既可用于支撑显示层，也可以直接让用户调用。中间件层主要有以下五种技术。

REST：通过该技术，能够非常方便和优雅地将中间件层所支撑的部分服务提供给调用者。

多租户：通过这种技术，能让一个单独的应用实例为多个组织服务，而且保持良好的隔离性和安全性，并且能有效地降低应用的购置和维护成本。

并行处理：为了处理海量的数据，需要利用庞大的 X86 集群进行规模巨大的并行处理 Google 的 MapReduce 是这方面的代表作。

应用服务器：在原有的应用服务器的基础上为云计算做了一定程度的优化，如用于 Google App engine 的 Jetty 应用服务器。

分布式缓存：通过该技术，不仅能有效地降低后台服务器的压力，而且能加快相应的反应速度，最著名的分布式缓存例子莫过于 Memcached。

（三）基础设施层

基础设施层的作用是为给中间件层或者用户准备其所需的计算和存储等资源。其主要包括以下四种技术。

虚拟化：也可以理解为基础设施层的"多租户"，因为通过虚拟化技术，能够在一个物理服务器上生成多个虚拟机，并且能在这些虚拟机之间实现全面的隔离，这样不仅能降低服务器的购置成本，而且能降低服务器的运维成本。成熟的 X86 虚拟化技术有 VMware 的 ESX 和开源的 Xen。

分布式存储：为了承载海量的数据，同时也要保证这些数据的可管理性，需要一整套分布式的存储系统。

关系型数据库：基本是在原有的关系型数据库的基础上做了扩展和管理等方面的优化使其在云中更适应。

NoSQI：为了满足一些关系数据库所无法满足的目标，如支撑海量的数据等，一些公司特地设计了一批不是基于关系模型的数据库。

（四）管理层

通过管理层能够实现对系统运行的监督和管理，并能够在一定程度上保障系统运行的可靠性和稳定性。在使用云计算服务之前，在通常情况下需要和一些运用的超级用户之间签订服务协议，由云计算体系中的服务管理层来对整个过程的服务质量进行监督，更重要的是能够在最大限度上使数据运行的安全性得到保障。

在当前阶段大的发展中，由于网络信息技术的迅速发展，信息安全已经成为现阶段网络信息技术发展中的最大难题，因此，在使用网络信息技术的同时，也对信息的安全性有着一定的担忧，如何能够在信息正常使用的前提下，使信息的安全性得到保障是现阶段信息技术发展需要研究的问题。而云计算系统的运用能够在一定程度上提高信息使用的安全性，因为云计算的管理层在实际应用的过程中会使系统存在着单点失效的问题，这样就能够在一定程度上避免数据中心关键数据的泄漏。

管理层为横向的其他三层提供多种管理和维护等方面的技术，主要包括以下六种技术。

账号管理：通过良好的账号管理技术，能够在安全的条件下方便用户的登录，并方便管理员对账号的管理。

SLA 监控：对各个层次运行的虚拟机、服务和应用等进行性能方面的监控，以使它们都能在满足预先设定的 SLA（Service Level Agreement）的情况下运行。

计费管理：对每个用户所消耗的资源等进行统计，从而准确地向用户索取费用。

安全管理：对数据、应用和账号等 IT 资源采取全面的保护，使其免受犯罪分子和恶意程序的侵害。

负载均衡：通过将流量分发给一个应用或者服务的多个实例来应对突发情况。

运维管理：主要是使运维操作尽可能地专业和自动化，进而降低云计算中心的运维成本。

二、云计算标准化

（一）云计算的标准化

云计算的本质是为用户提供各种类型和可变粒度的虚拟化服务，而实现一个开放云计算平台的关键性技术基础则是服务间的互联、互通和互操作。互联、互通、互操作是网络技术在整个发展过程中所必须具备的基本特性。各种局域网和广域网协议让计算设备互通，传输控制协议/网间协议（TCP/IP）实现了网际互联。在万维网时代，超文本传输协议（HTTP）和超文本链接标记语言（HTML）等实现了终端与 Web 网站间的互操作，使得任何遵从这些协议的 Web 浏览器都能自由无痕地访问万维网，Web 服务与面向服务的体系结构（SOA）开启了服务计算的大门。

云计算下任何可用的计算资源都以服务的形态存在。目前，许多商业企业或组织已经为云计算构建了自己的平台，并提供了大量的内部数据和服务，但这些数据和服务在语法和语义上的差异依然阻碍了它们之间有效的信息共享和交换。云计算的出现并不会颠覆现有的标准，例如 Wcb 服务的基础标准：简单对象访问协议（SOAP）、Web 服务描述语言（WSDI）和服务注册与发现协议（UDDI）等。但是，在现有标准的基础上，云计算更加强调服务的互操作。如何制定更高层次的开放与互操作性协议和规范来实现云（服务）—端（用户）及云—云间的相互操作十分重要。

国际标准化组织 ISO/IEC JTC1 SC32 制定了 ISO/IEC 19763 系列标准，互操作性元模型框架（MFI），从模型注册、本体注册、模型映射等角度对注册信息资源的基本管理提供了参考，能够促进软件服务之间的互操作。其中，中国参与制定的 ISO/IEC 19763-3 本体注册元模型已正式发布。2009 年 ISO/IEC JTCl SC7 与 ISO/IEC JTCl SC38 分别设立了两个云计算研究组，其主要任务是制定云计算的相关术语、起草云计算的标准化研究报告。

此外，云安全联盟、开放云计算联盟、云计算互操作性论坛等行业组织也积极致力于建立相关云计算标准，包括虚拟机镜像分发、虚拟机部署和控制、云内部虚拟机之间的交流、持久化存储、安全的虚拟机配置等。这些行业组织建立云计算标准的步伐超前于国际标准化组织，中国云计算产业联盟亦要在标准化方面早做贡献。

（二）云计算标准化情况

计算标准化是云计算真正大范围推广和应用的前提。没有标准，云计算产业就难以得到规范、健康的发展，难以形成规模化和产业化集群发展。各国政府在积极推动云计算的同时，也积极推动云计算标准的制定工作。目前，关注云计算的国内外组织及科研单位非常多行，业内的厂家也很活跃。

1. 国际云计算标准化工作概述

国外共有33个标准化组织和协会从各个角度展开云计算标准化的工作。这33个国外标准化组织和协会既有知名的标准化组织，如 ISO/IEC JTO1SC27、DMTF，也有新兴的标准化组织，如 ISO/IEC JTCI SC38、CSA；既有国际标准化组织，如 ISO/IEC JTCI SO38ITU-T SO13，也有区域性标准化组织，如 ENISA；既有基于现有工作开展云标准研制的，如 DMTF、SNIA，也有专门开展云计算标准研制的，如 CSA、CSCC。按照标准化组织的覆盖范围对33个标准化组织进行分类。总的来说，目前参与云计算标准化工作的国外标准化组织和协会呈现出以下几方面的特征。

第一，三大国际标准化组织从多角度开展云计算标准化工作。三大国际标准化组织 ISO、IEC 和 ITU 的云计算标准化工作开展方式大致分为两类；一类是已有的分技术委员会，如 ISO/IEC JTCI SC7（软件和系统工程）、ISO/IEC JTO1SC27（信息技术安全），在原有标准化工作的基础上逐步渗透到云计算领域；另一类是新成立的分技术委员会，如 ISO/IEC JTC1SC38（分布式应用平台和服务）、ISO/IEC JTC1SC39（信息技术可持续发展）和 ITU-TSG13（原 ITU-T FGCO，云计算焦点组），开展云计算领域新兴标准的研制。

第二，知名标准化组织和协会积极开展云计算标准研制。知名标准化组织和协会，包括 DMTF、SNIA、OASIS 等，在其已有标准化工作的基础上，纷纷开展云计算标准工作研制。其中，DMTF 主要关注虚拟资源管理，SNIA 主要关注存储，OASIS 主要关注云安全和 PaS 层标准化工作。DMTF 的 OVF（开放虚拟化格式规范）和 SNIA 的 CDMI（云数据管理接口规范）均在2014年通过 PAS 通道提交给 ISO/IEC JTO1，正式成为 ISO 国际标准。

第三，新兴标准化组织和协会有序推动云计算标准研制。新兴标准化组织和协会，包括 CSA、CSCC、Cloud use case 等，正有序开展云计算标准化工作。这些新兴的标准化组织和协会，常常从某一方面着手，开展云计算标准研制，例如 CSA 主要关注云安全标准研制，CSCC 主要从客户使用云服务的角度开展标准研制。

2. 国际云计算标准化工作分析

2008年开始，云计算在国际上成为标准化工作热点之一。三大国际标准化组织和其他各标准化组织、联盟和协会从各个角度开展云计算标准化工作。当前对云计算标准的制定，各个主要国际标准化机构乃至国家标准机构都非常关注。

国外标准化组织和协会开展的云计算标准化工作，从早期的标准化需求收集和分析，到云计算词汇和参考架构等通用和基础类标准研制，从计算资源和数据资源的访问和管理等 IaaS 层标准的研制，到应用程序部署和管理等 PaaS 层标准的研制，从云安全管理标准的研制，到云客户如何采购和使用云服务，都取得了实质性进步。总的来说，分析 33 个组织和协会的标准化工作主要集中在以下五个方面。

（1）应用场景和案例分析标准

ISO/IEC JTO1SC38、ITU-T FGCO（云计算焦点组，后转换成 SG13）、Cloud Use Case 等多个组织纷纷开展云计算应用场景和案例分析。其中，SC38 将用户案例和场景分析文档作为其常设文件。该文件对目前已有的案例和场景从 IaaS、PaaS 等角度进行了分类和总结，并分析提出：目前，案例主要集中在云运营以及提供商和消费者交互之间；尽管安全是一个非常重要的因素，但目前仍没有出现一个安全用例；另外，目前缺少有关提供商和消费者之间的管理系统的集成、云服务中内部系统的集成等方面的案例。目前，SC38 将基于用户案例和场景分析的方法作为评估新工作项目是否合理的方法之一。随着云服务的逐步应用推广，国际标准化组织和协会正在进行相应的用户案例和应用场景的补充和完善工作。

（2）通用和基础标准

云计算通用和基础标准即云计算一些基础共性的标准，包括云计算术语、云计算基本参考模型、云计算标准化指南等。ISO/IEC ITCI SC38 和 ITU-T SG13 通过成立联合工作组（CT）的方式开展云计算术语和云计算参考架构两项标准的研制。其中，云计算术语主要包括云计算涉及的基本术语，用于在云计算领域交流规范用语、明确概念。云计算基本参考架构主要描述云计算的利益相关者群体，明确基本的云计算活动和组件，描述云计算活动和组件之间以及它们与环境之间的关系，为定义云计算标准提供一个技术中立的参考点。

（3）互操作和可移植标准

互操作和可移植标准主要针对云计算中用户最为关心的资源按需供应、数据锁定和供应商锁定、分布式海量数据存储和管理等问题，以构建互连互通、高效稳定的云计算环境为目标，对基础架构层、平台层和应用层的核心技术和产品进行规范。目前，以 DMTF、SNIA 为代表的标准化组织和协会纷纷开展 IaaS 层标准化工作，OASIS 开展了 PaaS 层标准化工作。其中，OVF、CDMI 已经成为国际标准，VMAN、CIMI 正在进行国际标准的投票工作。

（4）服务标准

服务标准主要针对云服务生命周期管理的各个阶段，覆盖服务交付、服务水平协议、服务计量、服务质量、服务运维和运营、服务管理、服务采购，包括云服务通用要求、云服务级别协议规范、云服务质量评价指南、云运维服务规范、云服务采购规范等。目前，ISO/IECITCI SC38、NIST、CSCC 等组织和协会正在开展云服务水平协议（SLA）相关的标准研制，已有一项标准处于国际标准草案阶段。

（5）安全标准

安全标准方面主要关注数据的存储安全和传输安全、跨云的身份鉴别、访问控制、安全审计等方面。目前 ISO/EC JTO1SC27、CSA、ENISA、CSCC 从多个方面开展云安全标准与指南的编制工作，已有三项云安全国际标准处于委员会草案（CD）和国际标准草案（DIS）阶段。

3. 国内云计算标准化工作概述

中国电子技术标准化研究院 2009 年就启动了云计算的标准化研究，并积极参与云计算国际标准的研制工作。我国和美国提交的文档共同称为 SC38"云计算参考架构"工作项目的基础文档，并争取到该工作项目的联合编辑职位，中国也因此成为推动该国际标准的主要贡献国之一。2012 年，我国电子技术标准化研究院发布的《云计算标准化白皮书》分析了当前国内外云计算发展的现状及主要问题，整理了国际标准组织及协会的云计算标准化工作，同时还从基础、软件技术和产品、存储和管理以及安全等方面对云计算标准进行了研究。

2014 年 10 月由中国等国家成员体推动立项并重点参与的两项云计算国际标准——ISOIEC17788：2014《信息技术云计算概述和词汇》和 ISO/IEC17789：2014《信息技术云计算参考架构》正式发布。这是国际标准化组织（ISO）、国际电工委员会（IEC）与国际电信联盟（ITU）三大国际标准化组织首次在云计算领域联合制定的标准，具体来说是由 ISO/IEC JTC1 与 ITU-T 组成的联合项目组共同研究制定的。这两项标准规范了云计算的基本概念和常用词汇，从用户角度和功能角度阐述了云计算参考架构，不仅为云服务提供者和开发者搭建了基本的功能参考模型，也为云服务的评估和审计人员提供了相关指南，有助于实现对云计算的进一步认识。

2012 年 9 月，全国信标委云计算标准工作组成立，担云计算领域国家标准研制任务。2016 年，工作组在研国家标准项目共 23 项，为做好国标研制工作，保证标准质量和研制进度，工作组针对每项标准专门成立项目组，推进相关标准研制工作。截至 2016 年，工作组已完成 1 项国标报批、4 项国标送审、形成 6 项国标草案、正在编制 8 项国标草案，同时提出两项国标立项申请。重点标准《云服务采购指南》《云服务级别协议规范》《应用和数据迁移》等，均按计划进度执行。

2015 年，工信部组织实施智能制造标准体系建设工作，其中，工业云是一个重点研究方向。在智能制造专项项目"工业云服务模型标准化与试验验证系统"的支持下，中国电子技术标准化研究院（以下简称"电子标准院"）组织云计算领域、工业领域的先进企业开展了工业云服务标准体系的研究工作，提出了工业云服务标准体系框架草案，有力地支撑了智能制造标准体系的规划和建设工作。

在基础方面，制定工业云服务的术语和模型等基础类标准，规范工业云服务基本概念，指导工业云系统建设、服务部署和提供，并为制定其他标准提供支持，以及为评估工业云相关产品、解决方案和服务提供依据。

在资源服务方面，包括智能硬件资源服务、工业软件、数据服务和 IT 服务。资源服务标准用于规范和引导建设工业云计算服务的关键软硬件产品研发，以及软件、硬件、数据等工业云资源的管理和使用，实现工业云计算的快速弹性和可拓展性，智能硬件服务主要依托：工业机器人、数控加工设备、3D 打印设备、智能仪器仪表等硬件设备。工业软件服务主要包括 CAX 服务、MES 服务、ERP 服务、PLM 服务。数据服务主要包括设备数据、物料数据、知识库等。IT 服务主要包括计算服务、存储服务、网络服务等。该部分标准主要规范各类资源在接入工业云时应遵循的接口和协议标准，指导资源提供方和使用方以统一的方式提供、使用、监控和管理工业云服务资源。

在能力服务方面，对能力服务的全生命周期进行规范，包括营销能力、研发能力、生产能力、服务能力和测评能力。能力服务用于规范基于工业云提供的各类能力所应具备的功能和非功能特性，包括能力测评和认证、能力分类。一方面研究能力本身，另一方面研究能力之间的匹配、组合、交互、调度等多个方面的标准化内容。

在服务管理方面，规范工业云服务的服务目录、服务 SLA、服务计量计费、服务质量等多个方面。其中，服务质量包括服务质量评价模型、服务质量评价指标、服务质量评价规范。服务管理用于规范工业云服务设计、部署、交付、运营和采购，以及云平台间的数据迁移。

在安全管理方面，研究工业云服务的安全需求，规范安全技术和安全管理。

2015 年起，电子标准院在承担工信部智能制造专项"工业云服务模型标准化与试验验证系统"项目的实施工作中，提出了工业云服务模型等四项标准立项建议，目前《工业云服务模型》《工业云服务能力总体要求》两项标准已在工信部及国家标准委进行公示。

4. 国内云计算标准化工作体系

2013 年 8 月起，工信部科技司、信软司牵头，会同相关司局，组织相关标准化技术组织研究提出云计算综合标准化技术体系。

云计算标准工作组组织国内云计算领域企事业单位切实结合市场需求，支持信软司按照综合标准化工作方法，经过需求调研、搜集素材、征集专家、成立编制组、形成草稿、专家研讨、司局及直属单位论证、司局征求意见等环节，对云计算标准化工作进行了总体规划。

在云计算综合标准化体系研究过程中，国家先后发布了《中国制造 2025》《"互联网＋"行动计划》等重要国家战略。结合这些国家战略规划对云计算发展和云计算标准化工作的要求，工作组配合工信部对形成的云计算综合标准化体系过程稿进行了广泛的意见征集和修改完善工作。

针对目前云计算发展现状，结合用户需求、国内外云计算应用情况和技术发展情况，同时按照工信部对我国云计算标准化工作的综合布局，2014 年中国电子技术标准化研究院推出的《云计算标准化白皮书》建议我国云计算标准体系建设从"基础""网络""整机装备""软件""服务""安全"和"其他"7个部分展开。下面对这7个方面进行简单介绍。

基础标准：基础标准用于统一云计算及相关概念，为其他各部分标准的制定提供支撑。基础标准主要包括云计算术语、云计算参考架构、云计算标准基础应用指南、能效管理等方面的标准。

网络标准：网络标准用于规范网络连接、网络管理和网络服务，主要包括云内、云间、用户到云等方面的标准。

整机装备标准：整机装备标准用于规范适用于云计算的计算设备、存储设备、终端设备的生产和使用管理。整机装备标准主要包括整机装备的功能、性能、设备互联和管理等方面的标准，包括《基于通用互联的存储区域网络（IP-SAN）应用规范》《备份存储备份技术应用规范》《附网存储设备通用规范》《分布式异构存储管理规范》《模块化存储系统通用规范》《集装箱式数据中心通用规范》等标准。

软件标准：软件标准用于规范云计算相关软件的研发和应用，指导实现不同云计算系统间的互联互通和互操作。软件标准主要包括虚拟化、计算资源管理、数据存储和管理、平台软件等方面的标准。软件标准中，"开放虚拟化格式规范"和"弹性计算应用接口"主要从虚拟资源管理的角度出发，实现虚拟资源的互操作。"云数据存储和管理接口总则""基于对象的云存储应用接口""分布式文件系统应用接口""基于 Key-value 的云数据管理应用接口"主要从海量分布式数据存储和数据管理的角度出发，实现数据级的互操作。从国际标准组织和协会对云计算标准的关注程度来看，对虚拟资源管理、数据存储和管理的关注度比较高。其中，"开放虚拟化格式规范"和"云数据管理接口"已经成为 ISO/IEC 国际标准。

服务标准：服务标准即云服务标准，具体用于规范云服务设计、部署、交付、运营和采购，以及云平台间的数据迁移，主要包括服务采购、服务质量、服务计量和计费、服务能力评价等方面的标准。云服务标准以软件标准、整机装备等标准为基础，依据各类服务的设计与部署、交付和运营整个生命周期过程来制定，主要包括云服务分类、云服务设计与部署、云服务交付、云服务运营、云服务质量管理等方面的标准。云计算中各种资源和应用最终都是以服务的形式体现出来的。如何对形态各异的云服务进行系统分类是梳理云服务体系、帮助消费者理解和使用云服务的首要条件。服务设计与部署关注构建云服务平台所需要的关键组件和主要操作流程。服务运营和交付是云服务生命周期的重要组成部分，对服务运营和交付的标准化有助于对云服务提供商的服务质量和服务能力进行评估，同时注重服务的安全和服务质量的管理与测评。

安全标准：安全标准用于指导实现云计算环境下的网络安全、系统安全、服务安全和信息安全，主要包括云计算环境下的网络和信息安全标准。

其他标准：其他标准主要包括与电子政务、智慧城市、大数据、物联网、移动互联网等衔接的标准。

（三）云计算标准的意义

标准是产业发展的制高点，对战略性新兴产业之一的云计算来说，加快云计算标准制定对推动我国云计算技术、产业及应用发展具有重要的战略意义。

从国家战略层面来讲，标准已日益成为国家发展战略资源和国际竞争力的核心因素。云计算符合了当前全球范围内整合计算资源和服务能力的需求，是当前国际信息技术竞争的战略制高点。因此，是否掌握自主的云计算标准将影响到未来我国在国际信息技术领域上的竞争力。

从产业发展和布局层面来讲，制装云计算标准有利于指导云计算产业的合理布局和健康发展。当前我国各级政府纷纷建设云计算中心，全国各地都在推进相应的云计算计划，但我们发现云计算发展存在缺少顶层设计、难以发挥协同优势等问题，不符合云计算最大限度。共享资源、弹性使用的特征。因此，没有标准，云计算产业就难以得到规范健康的发展，难以形成产业的规模化、集群化和可持续性。

对于提供服务的企业来说，制定统一的云计算标准可以使提供的服务标准化。而对于购买服务的企业来说，便于企业选择自己需要的云服务。因此，云计算标准的制定就打通了提供云服务与购买云服务企业之间的连接，就能快速推进云计算在企业中的深入应用，发挥云计算的核心优势，为企业提供最大的价值。

（四）云计算标准化工作存在的问题

标准是云计算发挥其价值的必要前提，云计算标准化工作是推动云计算技术、产业及应用发展，以及行业信息化建设的重要基础性工作之一。目前，云计算标准化工作仍存在以下问题。

1. 业界缺乏统一的标准

云计算的美好前景让传统 IT 厂商纷纷向云计算方向转型，但是由于缺乏统一的技术标准，尤其是接口标准，各厂商在开发各自产品和服务的过程中各自为政，这为将来不同服务之间的互联互通带来严峻挑战。例如，用户将数据托管给某个云服务提供商，一旦该服务提供商破产，用户如何将数据快速迁移至另一个服务提供商？如果用户将数据同时托管给多个服务提供商，如何保证跨云的数据访问和数据交换？这是数据层的接口标准。此外，从互连互通的角度来看，接口标准除了包含数据层的，还应包含资源层和应用层。统一的运营服务标准也很少。比如，用户十分关心的如何对不同服务提供商提供的云服务进行统一的计量计费、如何定义和评价服务质量、如何对服务进行统一的管理等问题，都急需由统一的运营服务标准来解决。

2. 私有与开源存在问题

目前来看，对云平台的私有和开源实现仍是主导。一方面，云计算相关的开源实现如

Hadoop、Eucalyptus、KVM 等成为构建云计算平台的重要基础,一些具有自主开发能力的企业正在这些开源实现的基础上进行开发,以提供具有个性化特点的云计算业务。另一方面,具有先发优势的公司利用其成熟的技术和产品形成了基本标准,如 VMware、Citrix 的虚拟机管理系统,这些产品规定了云计算解决方案市场。应该说,云平台基于开源或私有技术与云计算的标准化并不冲突,因为对于标准化来说,重点应该在于系统的外部接口,而不是系统的内部实现。但由于一些开源的实现方式无法提供面向于平台间互联与互操作的接口,而一些私有或专用的云平台则由于利益关系,不愿提供开放的接口,因此给云计算标准化工作造成了一定的困难。

3. 国际标准组织的工作进展慢

大部分国际标准组织的成果目前仍然只是一些白皮书或者技术报告,能够形成标准文档的很少,即使是已经发布的一些标准,由于其领域比较局限而没有产生很大的影响。另外,个别国际标准组织由于一些诸如知识产权之类的内部因素失去活力。

第三节　国内外的云计算架构

一、国外的云计算架构

美国是"云计算"等一系列新技术及新概念提出及发展的发源地,其产品与技术成熟度也是最高的。美国整个社会及政府是新技术推动的优越"土壤",在此环境下,可以让云计算迅速发展。欧洲在云计算应用市场紧跟美国步伐,尽管欧洲各国对隐私政策方面的考虑过于严格,导致从一定程度上阻碍了云计算产业的发展,然而依然有越来越多国家的企业、医院和政府机构放弃计算机主机而采用云计算服务,也有越来越多的资金流入这个领域。各大云服务提供商巨头也在欧洲各国设立云计算中心。日本政府近几年也在积极推进云计算的发展,谋求利用云计算创造新的服务和产业,并为此制定出了"有效利用IT、创造云计算新产业"的发展战略。行业应用上,电信、金融与教育排在日本云计算应用的前三名,各大运营商也在着力布局云计算产业格局。到目前为止,日本的云计算基础设施产业主要分布于经济较为发达的东京、大阪等地区。

目前,几乎所有的国际主流 IT 企业都已参与到云计算领域,各公司根据自己的传统技术领域和市场策略从各个方向进入云计算领域。不同企业凭借不同的技术背景,将以前的产品和技术中的云计算特征挖掘出来,如软件的虚拟化、分布式存储系统,提出自己的云计算产品线,国际主流公司有实力参与 IaaS 的竞争,获得垄断地位,而中小企业很难参与。PaaS 发展潜力巨大,年复合增长率高,是未来云计算产业链的关键环节。目前,国际各大厂商都在积极构建和推广自己的 PaaS,以期在云计算产业链中占据有利地位。SaaS 市场规模最大，利润空间最大。基于 PaaS 进行各种服务、内容和应用的开发、运营和销售是 SaaS 的发展趋势。传统软件巨头也已开始进入 SaaS 领域。现在的云计算方案日趋成熟，在医疗、交通、电子商务、社交媒体等领域都有了成功应用。

实际上，越来越多的 IT 企业都将自己的传统业务逐渐转移到云计算平台上。目前，国际上云计算产业在 IaaS、SaaS 领域已经有了相对完善的服务，并得到了许多企业的认可，然而于 PaaS 的特殊性，其仍处于起步阶段，但也有很大的发展空间。

二、国内的云计算架构

自"十二五"起，我国已开始重点推进云计算技术研发的产业化，组织开展云计算应用试点示范，着力完善产业发展环境。我国已将云计算列为新一代信息技术产业的重点领域，并出台了一系列规划和政策措施给予支持。这些措施包括加快云计算技术研发的产业化、组织开展云计算应用试点示范、着力完善产业发展环境等。

从产业支持上看，国家发改委、工信部、财政部等部委带头支持云计算产业发展。2011 年，国家发改委和工信部联合发文在北京、上海、深圳、杭州、无锡 5 个城市开展云计算服务创新应用试点示范。2014 年，又批复哈尔滨市成为国家云计算服务创新发展试点城市，形成了北京的"祥云工程"、上海的"云海计划"、深圳的"华南云计算中心"、杭州的西湖云计算服务平台、无锡的云计算中心、哈尔滨的"中国云谷"等几个规模最大的几个云计算建设项目。财政部表示，要积极建设云计算等新型业态的政府采购工作，不断拓展服务类采购领域。国内各地方政府与企业已经开始尝试合作，将云计算纳入地方政府采购目录。

国内云计算业务比较领先的企业也多从 IaaS 切入，这其中既有互联网原生企业，也有 IT/ICT 企业及电信运营商。尽管大家都在做云计算，却因为企业性质不同而导致切入口不同，CT 企业和原生互联网公司逐渐分化出了不同的发展策略和方向，形成了两股不同的力量。

在 PaaS 领域，国内和国际的情况类似，虽然已取得了长远的发展，但是相对其他两个领域仍然处于弱势。虽然包括腾讯、百度、新浪、阿里云等各大云提供商都已发布 PaaS 服务，但这些服务所占的市场份额并不大，提升缓慢。

总体来说，我国云计算的市场发展空间巨大，也将对我国的互联网产业、软件和服务产业以及通信产业的发展产生较大的影响。在当前情况下，云计算产业能否在我国得到健康快速的发展是从政策层面到市场层面都需要重视的一个问题。

未来，随着云计算"十三五"规划的进一步实施，以及云计算和云存储技术的日益成熟，越来越多的企业将选择把信息技术系统建在云端。同时，信息设备国产化步伐的进一步加快，必将使云计算行业实现爆发式增长。

第四节　云计算的应用

一、云存储应用

　　云计算中基础设施即服务的一种重要形式是云存储，即其将存储资源作为服务通过网络提供给用户使用。云存储将是未来几年内增长比重最快的云计算服务之一。借助并行计算和分布式存储等技术，云存储可以将不同厂商和结构的存储设备进行整合，构建成统一的存储资源池。用户可以根据实际需求向云平台申请使用存储资源池内的资源，而不需要了解硬件配置、数据备份等基本细节。同时，云存储的基础设施一般由专业的人员来维护，不仅可以保证更高的系统稳定性，而且可以从技术上为用户数据提供更好的服务。

　　存储云与传统存储系统相比，一方面具有低成本投入的优势：传统存储服务需要建立专有存储系统，不仅需要在硬件和网络等资源上投入较高的成本，而且需要较高的技术和管理成本。传统存储服务，如某一个独立的存储设备，用户必须非常清楚这个存储设备的型号、接口和传输协议，必须清楚地知道存储系统中有多少块磁盘，分别是多大容量，必须清楚存储设备和服务器之间采用什么样的连接线缆。为了保证数据安全和业务的连续性，用户还需要建立相应的数据备份系统和容灾系统。除此之外，对存储设备进行定期的状态监控、维护、软硬件更新和升级也是必需的。如果采用存储云，那么上面所提到的一切对使用者来讲都不需要了，存储云中尽管包含了许许多多的交换机、路由器、防火墙和服务器，但对具体的互联网用户来讲，这些都是透明的。存储云系统由专业的云平台来建立和维护，用户只需要按需租用这些资源，就能获得与专有存储系统一样的存储服务，省去了硬件投入和维护开销。另一方面，存储云具有灵活访问控制的优势。传统存储系统为了保证对外的安全性，往往位于内部网络，这样使得外界对存储系统的访问很不方便。而存储云系统通常提供不同网络条件下的接口，用户在任何地方都可以通过网络，使用自己的用户名和密码便捷地访问存储云中的资源，而且可以根据使用情况灵活扩展，甚至量身定制。

　　存储云的服务就如同云状的广域网和互联网一样，存储云对使用者来讲，不是指某一个具体的设备，而是指一个由许许多多个存储设备和服务器所构成的集合体。使用者使用存储云，并不是使用某一个存储设备，而是使用整个存储云系统带来的一种数据访问服务。所以严格来讲，存储云不是存储，而是一种服务。存储云的核心是应用软件与存储设备相结合，通过应用软件来实现存储设备向存储服务的转变。

二、云游戏应用

　　云游戏（Cloud game）是以云计算为基础的游戏方式。在云游戏的运行模式下，所有游戏都在服务器端运行，并将渲染完毕后的游戏画面压缩后通过网络传送给用户。在客户端，用户的游戏设备不需要任何高端处理器和显示卡，只需要基本的视频解压能力就可以了。

　　就现今来说，云游戏还并没有成为家用机和掌机界的联网模式。但是几年后或十几年后，云计算取代这些东西成为其网络发展的终极方向的可能性非常大。如果这种构想能够成为现实，那么主机厂商将变成网络运营商，他们不需要不断投入巨额的新主机研发费用，而只需要拿这笔钱中的很小一部分去升级自己的服务器就行了。对于用户来说，他们可以省下购买主机的成本，但是得到的却是顶尖的游戏画面（当然对于视频输出方面的硬件必须过硬）。你可以想象一台掌机和一台家用机拥有同样的画面，家用机和我们今天用的机顶盒一样简单，甚至家用机可以取代电视的机顶盒而成为次时代的电视收看方式。

三、云社交应用

　　社交云中的用户分布在地理位置不同的区域，可以将每个提供者看作一个小型的数据中心，所以从本质上来讲，社交云是一种分布式云。地理位置不同的小型数据中也通过池化，组成一个大的云数据中心，构成一个大的"云"。这更接近云计算整合网络中资源的思想。

　　快速发展的社交网络使得信息传播的数量、速度和范围都得到大幅度的提升。一些著名的社交网站成为大多数人的交流平台，如 Facebook、Twitter、微博、微信等。通过这些社交网站平台，人们能够便捷地进行信息发表、评论、分享和互动等活动，以及结交新的朋友和关注朋友的最新动态。社交网络的应用具有即时性、共享性、移动性、个性化、互动性等鲜明特点，与传统网站相比，社交网络具有更加随意和非正式、互动性更强、数量更多、分布更广以及信息量更丰富多彩等特点。

　　社交网络拥有海量用户，每天产生数以百字节（PB）级的数据，数据不仅包括使用者的个人信息，还包括互动数据、分享和查询的内容等，这些数据渗透到了网民日常生活的方方面面。这些数据量和用户数成正比，不断增长的用户量在带来无限机遇的同时，伴随而来的巨大数据量也给数据的存储和集成带来严峻的挑战。同时，这海量数据处于一个散乱的状态，不便于对数据进行分析、处理。因此，超大规模的社交数据给网络信息管理带来了挑战，如何实时高效地处理这些海量数据，从中发现深层次的有用信息，需要新的技术手段和方法。伴随着云计算技术的发展，社交云平台应运而生，它是一种数据密集型计算平台，为海量网络数据的在线处理提供了新的方法与技术。

四、云政务应用

　　广义上讲，基于云计算的电子政务应用称为电子政务云，云是对互联网、网络的比喻说法。电子政务云结合了云计算技术的特点，对政府管理和服务职能进行精简、优化、整合，并通过信息化手段在政务上实现各种业务流程办理和职能服务，为政府各级部门提供可靠的基础IT的服务平台。基于云计算的电子政务即电子政务云是为政府搭建的底层架构平台，它将传统的电子政务应用迁移至云端，政府相关部门通过云平台共享政务资源，以此提高政府管理效率及相关服务能力。云政务有以下三个方面的优势。

第一，职能部门之间数据共享，实现政府部门之间的信息联动与政务工作的协同进行。基于云计算模式的政务系统很好地保留了云计算"资源共享"的优点，可以实现政府各个部门之间的信息共享交换，在政府部门内部之间、区域政府之间和跨区域政府部门之间建立信息桥梁，将各单位的电子政务系统连接到云政务平台中，实现不同部门之间的信息整合、交换和共享，简化了部门之间数据资源整合的流程，提高了政府部门的工作效率。

第二，建立云政务平台能够节约开销，降低国家行政管理的财政支出。云计算不仅可以实现软件资源的共享，也可以实现硬件资源的共享。云政务平台通过资源共享和硬件复用机制，降低政府的系统搭建成本。所以建设电子政务云平台将极大地降低国家的财政支出。

第三，提供有力的后台保障。政府门户网站往往包含了大量的图片和视频信息，并且政府门户网站的用户日趋增多，访问量也呈现惊人的上升趋势，要储存或处理这些海量的信息就要借助于云计算强大的数据处理能力，同时云计算能够作为处理海量信息的有效支撑，并能减少传统政务数据中心的建设、运行和维护的成本，也能保证数据信息的安全。

目前，我国各级政府机构正在积极开展"公共服务平台"的建设，只为打造一个"公共服务型政府"的形象；云计算会是中国各级政府机构"公共服务平台"建设的有力帮手。这个过程中，云计算可以为其搭建一个稳定可靠的运营平台；利用各种技术整合内部的信息化基础设施和系统，不断提升政府的服务能力和服务水平。同时，我们也不能够避免政务云当中存在的问题，例如资源浪费、信息孤岛、高难度开发制约着应用。另外，高运行成本难以承受这种应用系统的部署应用和维护。正因为这样发展我们的云政务必须要着重考虑解决以下问题。

第一，要推进基础设施的资源整合与共建共用。

第二，要依据需求，推进基础信息资源和业务信息的新信息机制创新和交换、汇聚、共享等。

第三，怎么样运用新技术，整合形成构建适应不同领域和部门的统一平台，为公众和其他用户实现面向应用的协同共享。同时，以业务内外分解为原则（哪些由内部来管理，哪些是可以交给社会做的）来推进服务的适度集中和适度社会化。可以考虑集中，可以社会化，但是一定要注意度。同时要做好它的分解。

总的来说，云计算意味着高质量的服务。当前我们的云计算正在进入扎实推进的阶段，目前国家有关部门都在积极努力推进云计算试点的示范应用，国家通过一系列项目在推动这样的工作。包括国家发改委、工业和信息化部、科技部都在积极部署重大项目。2017年由国务院批准的《"十三五"国家政务信息化工程建设规划》，为云计算建设国家重大信息化工程，促进新技术应用和产业发展，提供了重要的导向。

五、云教育应用

云教育（Cloud education）的应用实例：流媒体平台采用分布式架构部署，分为 Web 服务器、数据库服务器、直播服务器和流服务器，如有必要可在信息中心架设采集工作站搭建网络电视或实况直播应用，在各个学校已经部署录播系统或直播系统的教室配置流媒体功能组件，这样录播实况可以实时传送到流媒体平台管理中心的全局直播服务器上，同时录播的学校也可以将录播的内容上传存储到信息中心的流存储服务器上，方便今后的检索、点播、评估等各种应用。

教育是一个国家的头等大事，它与每一个人都息息相关，同时也是保持国家可持续发展与创新的基础，是整个社会关注的焦点。随着计算机技术的发展，教育科研领域的信息化建设也日新月异地发生着改变，云计算在教育科研领域信息化建设中的优势也日益显现。

传统的课堂授课，采取的是教师口述并通过板书配合讲解的方式。这种方式比较枯燥，学生不能对教学内容形成直观的感受。近年来，为了提升教学效果，利用多媒体授课已经成为比较普遍的授课方式，这样可以增加教学的互动性，激发学生的兴趣和想象力。多媒体教学内容的共享需要高效、普遍的信息化基础设施，但是，教育资源分布不均衡的现状不能保证大范围地共享多媒体教育内容，因此，教育行业可以采取集中式的信息化基础设施，通过网络远程访问，实现优质教学资源的共享和新型教学方式的推广。云平台能够为教育的信息化建设提供技术支撑。通过云计算搭建教育云平台，是教育信息化建设的重要方向。

教育云可以将整个教育行业的信息都包含进云端，实现信息的共享。从基础教育到高等教育，从政府的教育管理部门到企业的职业培训，从各个图书馆的资源到学生，各个参与教育的个人或团体都可以通过云终端获取或共享自己所需要的信息。

通过构建教育云平台，利用"公有云＋私有云"的构架，可以实现优质教育资源的共建共享，消除信息孤岛，老少边穷地区可以通过网络享受国内外优质的教育资源，实现教育均衡和教育公平。同时，以最基础的班级为单位，将考勤、消费、评价、成绩等数据源源不断地上传至平台，形成学生个人和班级成长档案，为教育部门、学校和用户教育教学管理提供了动态科学的分析。

六、云办公应用

在这个世界上，已经有超过 1/5 的人实现了远程办公，他们或使用移动设备查看编辑文档，或在家中与同事协同办公，或是直接在交通工具上制作幻灯片，办公并不一定要受限于工作地点、时间或者设备。现在，在中国，越来越多的人拥有多款智能设备。面对用户使用习惯与设备的变化，云服务的普及帮助人们快速实现了随时随地的办公，为人们带来了前所未有的生产力发展。

云办公形象地说就是可以使办公室"移动"起来的一种全新的办公方式，这种方式可以实现办公人员在任何时间、任何地点处理与业务相关的任何事情。也就是说，办公人员即使不在办公室，也能够随时随地地对办公材料进行查阅、回复、分发、展示、修改或宣读，实现将办公室放在云端，随身携带进行办公的办公方式。

云办公是通过把传统的办公软件以搜客户端或智能客户端的形式运行在网络浏览器中，从而使得员工在离开固定的办公地点时同样可以完成公司的日常工作。实际上，云办公可以看作原来人们经常提及的在线办公的升级版。云办公是指个人和组织所使用的办公类应用的计算和储存两个部分功能，不通过安装在客户端本地的软件提供，而是由位于网络上的应用服务予以交付，用户只需使用本地设备即可实现与应用的交互功能。云办公的实现方式是标准的云计算模式，隶属于软件即服务范畴。

云办公与传统的在线办公相比，具有以下三点优势。

第一，随时随地协作。人们在使用传统的办公软件实现信息共享时，需要借助于电子邮件或移动存储设备等辅助工具。在云办公时代，与原来基于电子邮件的写作方式相比，省去了邮件发送、审阅、沟通的流程，人们可以直接看到他人的编辑结果，无须等待。云办公使人们能够围绕文档进行直观的沟通讨论，也可以进行多人协同编辑，从而提高团队的工作效率。

第二，跨平台能力。云办公应用可以使用户不受任何终端设备和办公软件的限制，在任何时候、任何地方都可以使用相同的办公环境，访问相同的数据，极大地提高了使用设备的便捷性。

第三，使用更便捷。用户使用云办公应用省去了安装客户端软件的步骤，只需要打开网络浏览器即可实现随时随地办公。同时，利用 SaaS 模式，用户可以采取按需付费的方式，从而降低办公成本。

七、云医疗应用

在我国，医疗资源不均衡一直是老百姓看病难、看病贵的主要原因之一。在一些一线城市，每年挂专家号的人次可达到一亿以上，但实际上我国大部分的一线城市每年可接待的专家问诊能力在一百万左右。在这些挂专家号的患者中，很多只是感冒之类的小症状，完全不必在大型专科医院或综合性医院求医。资源调配的不合理严重影响了医疗行业的整体效率，也直接造成了医疗质量难以保证，地区之间医疗水平参差不齐、医患纠纷增多的状况。

随着云计算技术的发展，现在这些医疗上的问题其实是可以通过医疗健康云来解决，把政府医疗监管、政府卫生管理部门、各大医院、社区医院、药品供应商、药品物流配送公司、医疗保险公司以及患者统一到医疗健康云平台上，就可以解决医疗系统中长期存在的问题。

在医疗健康云平台上，患者可以通过手机或 PC 登录个人的云医疗终端进行看病预约、网上挂号，无须再去医院排队就医，医疗费用的报销也可以在云终端上自动进行。医生可以通过云平台共享患者的就医信息，同时能够实时上传或查询患者的病史和治疗史，从而快速准确地为患者诊断病情。药品供应商则根据医生在云平台上所开具的电子病历，就可以把患者所需要的药品配送至医院或患者手中，可以避免药品中间商的层层剥削，解决了药品贵的难题。政府医药监管或卫生部门，只需要在云中漫步来完成自己相应的监管工作。由于云中的数据是共享的，政府部门所看到的监管信息是从药品生产厂商到流通企业，再到医院和患者手中的药品全流通过程，这些都是监管可控的。另外，医疗保险公司在云中可以对患者进行保险服务，患者可以得到及时的费用报销。

为了促使这样的云医疗服务平台尽快出现，很多国家的政府都在考虑基于云计算的医疗行业的解决方案。美国的医疗计划中就有这样一个方案，通过云计算改造美国现有的医疗信息系统，让每个人都能在学校、图书馆等公共场所连接到全美的医院，查询最新的医疗信息。在我国，现在政府正在全力推广以电子病历为先导的智能医疗系统，要对医疗行业中的海量数据进行存储、整合和管理，符合远程医疗的实施要求。云计算是建立智能医疗系统的理想解决方案，通过将电子健康档案和云计算平台融合在一起，每个人的健康记录和病历都能够被完整地记录和保存下来，在合适的时候为医疗机构、监管部门、卫生部门、保险公司和科研单位所使用。

八、云移动应用

自 2008 年以来，云计算和移动互联网飞速发展，智能移动设备日渐普及，基于 iOS 和 Android 平台的移动应用也迅速增加，移动云成为一种新的应用模式，成为全新的研究热点。在移动云中，终端的移动性要求在任何时间、任何地点都能进行安全的数据接入，以便用户在移动云环境中，通过移动设备使用应用程序以及访问信息时，有更好的用户体验，移动云是基于云计算的概念提出来的。移动云计算的主要目标是应用云端的计算、存储等资源优势，突破移动终端的资源限制，为移动用户提供更加广泛的应用，以及更好的用户体验。其定义一般可以概括为移动用户 / 终端通过无线网络，以按需、易扩展的方式从云端获得所需的基础设施、平台、软件等资源或信息服务的使用与交付模式。因此，移动云是指云计算服务在移动生态系统中的可用性，这包含了很多元素，如用户、企业、家庭基站、转码、端到端的安全性、家庭网关和移动宽带服务等。

移动云作为云计算的一种应用模式，能够提供给移动用户云平台上的数据存储和处理服务。移动用户通过基站等无线网络接入方式连接到 Internet 上的公有云。公有云的数据中心部署在不同的地方，为用户提供可扩展的计算、存储等服务。内容提供商也可以将视频、游戏和新闻等资源部署在适当的数据中心上，为用户提供更加丰富、高效的内容服务。对安全性、网络延迟和能耗等方面要求更高的用户，可以通过局域网连接本地微云，获得具备一定可扩展性的云服务。本地云也可以通过Internet连接公有云，以进一步扩展其计算、存储能力，为移动用户提供更加丰富的资源。

目前，移动云计算已广泛应用于生产、生活的众多领域，如在线游戏、电子商务、移动教育等。然而，随着移动云计算应用的日趋扩大，移动云计算资源的需求日渐强烈，移动设备存在的电池续航有限、计算能力低、内存容量小、网络连接不稳定等问题逐渐暴露，这都造成许多应用无法平行迁移到移动设备上运行。借助于云计算技术，移动云计算有望在一定程度上改善和解决当前遇到的移动设备资源瓶颈难题。

第三章　云技术在高校校务中的应用

当今时代，信息技术高速发展，云技术在高校校务中的应用，可以加快校务服务事项目录梳理、实现校务服务事项数据共享、推进校务服务事项流程优化、完善统一校务服务平台建设、推动政务服务事项数据进校园的重要模式。本章从校务服务分类探究、校务服务分类表及校务服务分类单元描述三个方面对云技术在高校校务中的应用进行研究。

第一节　校务服务分类探究

一、校务服务分类参考

对于智能高校中的政务服务信息化分类研究，我们可以借鉴自然科学中的分类学和目录学思想原则。生物学中"自然分类法"的目的是探索生物的系统发育及其进化历史，揭示生物的多样性及其亲缘关系，并以此为基础建立多层次、能反映生物界亲缘关系和进化发展的"自然分类系统""自然分类法"来源于（1859 年达尔文出版的《物种起源》一书）。分类学应该反映这种亲缘关系，反映生物进化的进程。

对政务服务信息化系统分类的目的是建立多层次、能反映系统间业务关联以及规划原则的目录。对政务服务的科学分类，有助于我们快速了解业务系统，了解各个系统的关联关系，从而掌握信息化系统的建设和发展规律，为更广泛、更全面地进行信息化规划建设提供便利。

《政务信息资源目录体系》（GB/T 21063.4-2007）中第四部分《政务信息资源分类》，该规范按照政府职能信息资源主题，进行了 21 个一级类和 133 个二级类的划分。

《电子政务数据元》（GB/T 19488.1-2004）中《第 1 部分 设计和管理规范》的附录 A，电子政务数据元的分类方案中列举了按照电子政务服务主体（G2G，G2B，B2G，G2C，C2G，GI 共 6 种）和电子政务活动领域（内部活动、外部活动、决策支持）两种分类方案。

二、校务服务分类原则

结合前人的研究经验，参照智能高校发展研究的新思路，在对智能高校服务分类过程中，我们应遵循以下原则。

①选择电子政务应用系统最稳定的本质属性或特征作为分类的前提和依据。

②选择电子政务应用系统所服务的主体、服务内容等方面分类，而不是站在某个部门职能的角度来观察、识别分类对象。

③可根据实际情况对主题分类进行类目扩充，扩充的类目应分别符合类目的设置规则，分类代码的配置应符合代码组成结构原则中的规定。

④与相关的国家分类标准以及相关的国际标准协调一致。

⑤从系统工程角度出发，立足信息化工程实践。

三、面向对象分类法

自 20 世纪 90 年代电子政务产生以来，关于电子政务（Electronic Government）的定义有很多，并且随着实践的发展而不断更新。电子政务是指国家机关在政务活动中，全面应用现代信息技术、网络技术以及办公自动化技术等进行办公、管理和为社会提供公共服务的一种全新的管理模式。

电子政务根据其服务的对象不同，基本上可以分为 4 种模式：G2G、G2B、G2C 和 G2E。G2G 是指政府（Government）与政府（Government）之间的电子政务，即上下级政府、不同地方政府和不同政府部门之间实现的电子政务活动。以下载政府机关经常使用的各种表格、报销出差费用等，以节省时间和费用，提高工作效率。G2B 电子政务指政府（Government）与企业（Business）之间的电子政务，G2B 电子政务主要是利用 Intranet 建立起有效的行政办公和企业管理体系，为提高政府工作效率。G2C 是指政府（Government）与公众（Citizen）之间的电子政务，是政府通过电子网络系统为公民提供各种服务。G2C 电子政务所包含的内容十分广泛，主要的应用包括公众信息服务、电子身份认证、电子税务、电子社会保障服务、电子民主管理、电子医疗服务、电子就业服务、电子教育、培训服务、电子交通管理等。G2C 电子政务的目的是除了政府给公众提供方便、快捷、高质量的服务外，更重要的是可以提供公众参政、议政的渠道，畅通公众的利益表达机制，建立政府与公众的良性互动平台。G2E 电子政务指政府（Government）与政府公务员即政府雇员（Employee）之间的电子政务。

针对智能高校服务主体，参照电子政务服务对象不同的分类，可以将智能高校校务服务分为 G2G、G2E、G2B、G2C。其中面向高校部门业务协作信息化的 G2G 系统和面向高校工作人员办公协作信息化的 G2E 系统合称为智能高校的政务服务体系。

G2G 面向高校部门业务协作信息化的系统主要满足高校之间的业务往来与协同互动。

G2E 面向高校工作人员办公协作信息化的系统主要为师生与其所属的组织机构之间的互动活动提供信息化的作业手段支持。例如，课程管理、公文管理、会议管理、档案管理、资产管理、邮件系统、即时消息系统、短信系统、移动办公、个人办公桌面等。

四、校务服务定义及分类

在校务内网或专网环境中，为高校工作人员或部门提供的信息系统服务称为校务服务。根据服务内容的属性，校务服务划分为公共服务和业务服务。

面向对象的设计中，按照服务对象部门、个人、企业、学生等，把电子校务划分为G2G、G2E、G2B、G2C的类别。随着智能高校公共云服务平台的推动发展，SOA、多租户、虚拟化技术在工程实践中成熟应用，一项系统功能是否可作为服务提供、是否可重用、使用方式等要素成为描述系统功能的新标准。在原有的G2G类别中，实际上与G2B、G2C存在交叉业务。

公共服务所提供的功能单元具有可共用、可重用、可与其他服务模块组合使用等特点。各个部门或每个用户都可能用到的、具有共性特点的业务模块抽象为公共服务。例如，常见的公文流转服务、信息发布服务、会议通知服务、沟通协作服务等。

业务服务提供可共享的数据资源、可调用的业务流程或专有的信息管理。职能部门所特有的业务，具有个性化特点的业务模块抽象为业务服务。例如，常见的各职能部门的信息管理系统、数据中心系统、信息共享交换系统、各种跨部门业务协作系统等。

五、现阶段高校校务服务现状与问题

随着"互联网+"时代的到来，高校校务服务信息化水平日益提高。面向师生提供多渠道、无差别、全业务和全过程的便利校务服务成为各高校信息化建设的重点内容和主要目标。

随着高校信息化水平逐步提高，智慧校园建设已成为高校建设发展的重要内容，面向学校校务管理及服务的各类信息系统建立并应用起来，这些独立的MIS系统在一定程度上解决了学校行政管理与服务方面的问题。但随着业务数据的积累和各业务的不断变化，围绕学校主要业务（包括人事、科研、财务、学工、教务等）建设信息系统的高校信息化模式存在以下问题。

①系统高度个性化，开发周期长。因各高校业务存在很大的不同，同一类业务系统，各高校需求差别很大，系统可复制性低，导致系统开发周期长、成本高、风险大等问题。

②数据整合度低，信息孤岛现象严重。各MIS系统分别由不同的厂商建设，系统间数据整合度低，缺乏全局数据标准规范约束，数据交换共享困难，信息孤岛现象普遍存在。

③部门间协同不高，用户服务体验差。独立建设的信息系统，难以实现跨系统、跨部门的服务流程，无法完成部门间协同服务。同时，各系统UI单独设计，风格各异，用户服务体验差。

第二节 校务服务分类表

一、校务服务的内容

高校电子校务的内容是根据其内涵而概括的。广义的高校"电子校务"包括管理化电子校务、教学化电子校务、服务化电子校务三块。其中，管理化电子校务包括教务管理信息化、人事管理信息化、财务管理信息化、办公自动化、资产管理信息化等；教学化电子校务包括远程教育在线、虚拟实验室、知识管理在线；服务化电子校务则包括电子图书馆、电子商务、校园一卡通、安全监控信息化等。

狭义的高校"电子校务"只包括管理电子校务和服务电子校务两块内容，主要是指涉及高校管理服务过程中的电子校务。但是高校管理服务工作涉及行政、后勤、文化建设、决策、网络支持各种信息和资源管理等方方面面，所以狭义的电子校务内容也很丰富，它包括电子邮件、文件传输、信息发布、域名服务、身份认证、检索服务，如校长在网上发送学校工作指令，业务系统层次上的，包括办公自动化（教职工在线报告工作进程）、管理信息系统（教务管理信息系统其中又包括学籍管理、课程管理、课表管理、成绩管理。人事管理信息系统其中又包括人事档案管理、教职工业绩测评等）、教育质量管理与决策支持（如网上教学质量评估与监控系统）；侧重于服务电子校务的包括数字化图书馆、信息服务系统、电子商务。

二、校务服务分类参考

一方面，根据完成校务服务的主客体不同的情况，可以将校务服务的类型分为两类：第一类，学校组织内部运作的电子校务。其中既包括学校内部组织之间的相互信息交换、事务处理、资源共享，也包括学校中的个体与学校组织之间的信息交换，学校中的个体又包括学校领导、教师、学生、行政管理人员、服务人员。第二类，学校组织与外界互动的电子校务。这其中包括与学校系统外的组织以及个体的信息互动。如教育电子政务（网上申报、网上审批、网上会议等）、电子商务的运用，网上远程教学、网上发布信息、网上报名等。

另一方面，根据使用的电子校务频率的高低可以将其分为三大类：第一类，常用电子校务，如网上信息发布、网络传输文件、网上办公与法文、网上选举、网上民意测验；第二类，基本电子校务，如数字化图书馆、网上信息查询；第三类，高级电子校务，如网络教学质量管理监控与评估、网上决策服务、网上信息化管理。

从公共服务的角度来说，高校校务公共服务可以分为文件流转服务、文件管理服务、行政管理服务、信息发布服务、督查评价服务、沟通协作服务、辅助办公服务、登录认证服务 8 大类、54 种常用公共服务等。

校务业务服务包括共享交换服务、数据中心服务、业务协作服务、内部业务管理服务 4 大类、62 种常用业务服务。根据上文对校务服务的定义，内网环境下常见校务服务的主要分类如表 3-1 所示。本表给出的是校务服务的基本分类方法及依据，未能列举所有校务服务内容。

表 3-1　校务服务分类参考表

域	业务线	应用
公共服务	文件流转及管理服务	收文办理、文件签发、请示汇报、文件交换、办公管理……
		电子档案管理、资料中心、部门文件管理、个人网盘、信息全文检索、信息关联检索……
	行政管理服务	会议管理、车辆管理、办公用品管理、固定资产管理、网上签到、请假管理、值班管理、考勤统计、费用报销、人事管理……
	信息发布服务	工作动态、会议通知、电子公告、部门大事记、部门要闻、政策法规、管理制度、内部刊物、资料下载、信息采集……
	督查评价服务	文件督办、绩效考评、督察系统、公共服务统计分析……
	沟通协作服务	即时消息、内部邮件、短信办公、移动办公、微门户服务、社交协作服务、知识库服务……
	辅助办公服务	待办消息服务、天气提醒服务、班车信息服务、车辆限号提醒、个人日程安排、校务安排、通信录服务……
	登录认证服务	用户密码修改服务、部门内用户管理服务、部门内权限管理服务、双向单点登录服务、人员在线状况服务……

二、校务服务编码参考

信息编码应在国家标准、教育部标准、行业标准和学校已有的标准的基础上，兼顾各个标准之间的兼容性、一致性以及标准的可扩展性，建设形成一套符合自身实际的管理信息化标准。

编制信息编码目的是规范教务管理信息系统各子系统基础编码，便于校内数据在数字化校园或系统之间的交换、流通和共享等，同时明确编码原则、规范框架和信息分类编码规格等，为以后系统的扩展，新系统的安装等提供有力的参考依据。同时，具有加强识别提高效率、节省资源和增进共享等十分重要的意义。信息编码设计的好坏直接关系到以后系统运行的质量，所以必须把信息编码作为一项重要基础工作来抓，最好由系统总设计师或管理员直接领导并贯穿于整个校务服务系统的生命周期之中。

信息编码的基本原则通常可归结为唯一性、完整性、可扩展性、规范性、实用性和简便性等。在编码过程中，需要用户根据具体情况有所侧重地把握各项原则的"度"。对于高校教务管理信息系统而言，下列原则是必须高度重视的。

①唯一性：每一个对象只有一个唯一的编码，防止产生重复编码。

②完整性：力争对学校的人、财、物、事等各方面工作在数字化校园信息建设中实现全覆盖编码。

③可扩展性：在各类信息编码中留有适当的空间，以适应不断扩充的需要，保证随着学校各项事业的发展而进行拓展和调整。

④规范性：代码的结构、类型以及编写格式统一。

⑤实用性：编码要有利于信息化管理。

⑥简便性：编码尽量简单，不要太复杂。

信息编码的代码有两种不同的划分。一种是按表达形式划分，一种是按功能与结构特点划分。

按照表达形式划分可以分为数字型、字母型及数字与字母混合型三种。

数字型代码（数字码）：用一个或若干个阿拉伯数字表示编码对象的代码，简称为"数字码"。数字码结构简单，使用方便，是目前国内外广泛使用的一种代码形式，但它对编码对象的特征描述不直观。

字母型代码（字母码）：用一个或多个字母表示编码对象的代码，简称为字母码。字母码的特点是容量大，如用一位英文字母码可表示 26 个类目。两位英文字母码就可表示676 个类目，同时字母码有时还可提供便于人们识别的信息，便于记忆。单字母码不便于机器处理信息，特别是当编码对象数目较多或添加、更新频繁以及字母码较长时，常会发生重复和冲突的现象。同样，字母码也可引入"-""/"等其他符号。

数字与字母混合型代码：由数字、字母混合组成的代码，有时还可增用专用符。人们一般按代码中数字字母的主次或先后简称为"数字字母码"或"字母数字码"这种代码兼有了数字码和字母码的优点，结构严密，其有良好的直观性，又符合使用习惯。但计算机输入不便，错误率也较高。

按照功能及其结构特点，可以分为顺序码、系列顺序码、层次码。

顺序码：由阿拉伯数字或拉丁字母的先后顺序来标识编码对象的代码。顺序码是一种最简单、最常用的代码，非系统化的编码对象一般常采用这种编码。它有代码简短、使用方便、易于管理、易于添加的优点。但除了起到标识作用外，不能给出任何有关编码对象的其他信息。《编码规范》中各类编码中的"序号"码位就采取该编码方式。

系列顺序码：根据编码对象的属性或特征的相同或相似，将编码对象分成若干组，每一个组自成一个系列，在同一个组内，对编码对象采用顺序码连续编码。系列顺序码能表示编码对象一定的属性或特征并易于添加，但空码较多，不便于机器处理，所以不适用于复杂的分类体系。

层次码：层次码是以编码对象的从属层次关系为排列顺序组成的代码。编制层次码时，将代码分成若干层级，并与分类对象的分类层次相对应，代码自左向右表示的层次由高到低，每个层级的代码可采用顺序码或系列顺序码。层次码能明确地表示分类对象的类别，有严格的隶属关系，代码结构简单，容量大，便于机器整合。但其弹性结构较差，当层次较多时，代码位数较长。

校务服务是一个庞大的系统，下面选取校务服务中的部分公共服务进行编码示例，仅供参考。

文中选取校务服务公共服务域中的文件流转、文件管理、行政管理、信息发布、督查评价、内部沟通、辅助办公、登录认证8条业务线、54种常用应用进行编码。结合这几年的发展变化，将GI修改为GE，本部分的分类规则采用统一的代码结构，代码编制以下图3-1所示。

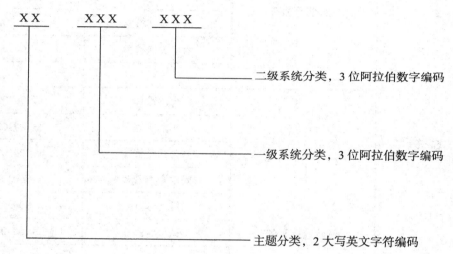

图3-1 分类代码结构图

上图中的代码编制规则以下。

①主题分类用2位大写英文字符表示，在主题分类中4组代码分别代表4种主题类别。

GB：高校对企业（G2B）

GC：高校对师生（G2C）

GG：高校对高校（G2G）

GE：高校工作人员（G2E）

②一级系统分类用3位阿拉伯数字编码表示。

③二级系统分类用3位阿拉伯数字编码表示。

校务服务公共服务编码以下表3-2所示。

表 3-2 校务服务公共服务编码示例

域	业务线	应用	编码
公共服务	文件流转服务	收文办理	GE001001
		文件签发	GE001002
		请示汇报	GE001003
		文件交换	GG001004
		办公管理	GE001005
		……	
	文件管理服务	电子档案管理	GG002001
		部门文件管理	GE002002
		个人网盘	GE002003
		信息全文检索	GE002004
		信息关联检索	GE002005
		……	
	行政管理服务	会议管理	GE003001
		车辆管理	GE003002
		办公用品管理	GE003003
		固定资产管理	GE003004
		网上签到	GE003005
		请假管理	GE003006
		值班管理	GE003007
		考勤统计	GE003008
		费用报销	GE003009
		人事管理	GE003010
		……	
	信息发布服务	工作动态	GE004001
		会议通知	GE004002
		电子公告	GE004003
		部门大事记	GE004004
		部门要闻	GE004005

域	业务线	应用	编码
公共服务	信息发布服务	政策法规	GE004006
		管理制度	GE004007
		内部刊物	GE004008
		资料下载	GE004009
		信息采集	GE004010
		......	
	督查评价服务	文件督办	GE005001
		绩效考评	GE005002
		督察系统	GE005003
		公共服务统计分析	GG005004
		......	
	沟通协作服务	即时消息	GE006001
		内部邮件	GE006002
		短信办公	GE006003
		移动办公	GE006004
		微门户服务	GE006005
		社交协作服务	GE006006
		知识库服务	GE006007
		......	
	辅助办公服务	待办消息服务	GE007001
		天气提醒服务	GE007002
		班车信息服务	GE007003
		车辆限号提醒	GE007004
		个人日程安排	GE007005
		校务安排	GE007006
		通信录服务	GE007007
		......	
	登录认证服务	用户密码修改服务	GE008001
		部门内用户管理服务	GE008002

域	业务线	应用	编码
公共服务	登录认证服务	部门内权限管理服务	GE008003
		双向单点登录服务	GE008004
		人员在线状况服务	GE008005
		……	

第三节　校务服务单元描述

一、高校常见校务服务单元描述

（一）文件流转及管理

1. 收文办理（编码 GEO01001）

（1）目标与功能

校务服务公共服务中的收文办理，主要用于学校中的上级机关、相关部门和下级单位主送或抄送本单位的来文、来函、来电及各种重要资料进行登记、审批、办理、归档，提供查询和对收文过程的有效控制和跟踪。本服务展现了公文的起草或接收、审核、分办、签批、发文以及签收、办理、流转、查询等功能，是 OA 系统的核心模块。办件中包括基本信息、公文办理单、拟稿（正文）、相关文件和历程等。

可查看某收文详细信息，如属性、正文和附件等。根据来文的类别可以选择不同的处理方式，例如报主任审批的公文，可以在选择审批流程时预先确定需要审批的各级领导，使用串行的方式进行审批，一次只能是一个人以接替的方式进行；而对于期刊、杂志类的文件需要同时发送给多个领导审批，则可以采用并行的方式进行发送，那么多个领导可以同时收到该文件进行阅览、批示。

对需要回执的收文回执处理，将某些收文归入历史数据库，对某收文进行拒收处理，提供查询和翻页等功能。

用户可以查询自己所经手的所有件，按在办件、办结件、内部件、已发文件和已收文件等分类查询，领导按权限可查询所管辖部门的所有办件情况，也可以查阅到办件的数量和办件的时长。

（2）形成的文件及关联等

表单证书：《来文登记单》《批转办理单》等。

服务对象：高校内各部门工作人员。

配置说明：由统一用户管理系统、统一访问控制系统、消息服务组件、工作流中间件、电子表单中间件等配置构建。

外部关联：消息中心、移动办公、短信系统、门户系统。

形成的数据资源：公文、批办单、办理报告。

2. 文件签发（编码 GE001002）

（1）目标与功能

校务服务公共服务中的文件签发，是为了简化本单位日常运作公文的起草、审核、会签、待签、签发、编号、印发、分阅、归档等一系列环节的流程化处理过程，提供查询和对发文全过程的有效控制和跟踪。

本服务支持模板管理，可填写发文单，可自定义发文单，编辑一个新发文的基本属性。通过已经选择好的模板打开并编辑本发文的格式正文，为新建的发文添加或删除附件，执行发文发送命令。对于未立即发送的公文，系统应保存发文单，下次登录进来可以修改、发送。在发文审批流转过程中相关人员可以随时查看掌握文件的办理过程、状态。

支持图形化工作流，能够满足各种文件审批业务需求，审批人员可以将需要拟稿人员修改调整的文件进行回退；支持智能化的事实提醒功能，对于逾期未办理的文件，系统可以通过三种以上方式发送催办信息，提醒办理人进行办理；具有 Office 文档在线编辑控件，支持文档自动上传，可以保留文件流转过程中相关人员的修改痕迹，集成在线编辑和电子签章；支持对发文信息进行多条件统计查询。

（2）形成的文件及关联等

表单证书：《文件签发单》。

服务对象：高校内各部门工作人员。

配置说明：由统一用户管理系统、统一访问控制系统、消息服务组件、工作流中间件、电子表单中间件等配置构建。

外部关联：消息中心、移动办公、短信系统、门户系统。

形成的数据资源：公文、文件签发单。

3. 文件交换（编码 GG001004）

（1）目标与功能

文件交换系统提供部门之间网上文件交换和文件收发。

本服务主要包括撰写公文、收文管理、已发公文、草稿箱管理、通信录设置、收发员管理、数据交换、文件交换接口服务以及对公文的催办、回执等功能。实现跨部门、多层次的文件交换与管理；支持各部门收发员分级授权管理；支持正文模版、附件等多种文件形式；简单实用，符合国家行文规范，易于维护，覆盖面广。

（2）形成的文件及关联等

表单证书：《文件收发起草表》。

服务对象：高校内各部门。

配置说明：由统一用户管理系统、统一访问控制系统、消息服务组件、电子表单中间件、数据服务中间件等配置构建。

外部关联：消息中心、移动办公、短信系统、门户系统。

形成的数据资源：公文、信息、会议通知、会议纪要等。

（二）行政管理

1. 会议管理（编码 GE003001）

（1）目标与功能

校务服务公共服务中的会议管理，提供对会议的全过程进行管理，由会议室管理、会议通知两部分组成。

会议通知：会议通知发布、会议通知接收及回执、会议通知管理、会议通知转发、会议通知提醒、会议安排与日程同步等。

会议室管理：会议室信息管理、会议室在线预订、预订信息查询、会议室预订审批使用统计、历史会议室使用信息查询。

会议通知的入口：接收公文收发和工作流的数据转到会议通知入口。

会议通知的发布渠道订制：会议通知信息可同步到信息栏目、短信、日程、待办、即时通信等模块中。

会议通知的接受范围：可选择本单位人员、单位收文员。

收文人员有内部会议通知列表和外单位会议通知列表。外单位会议通知列表可以专办。简化了会议通知的转发流程、转收文办理流程，收文人员根据办文回复填写参会人员，还可选择转他人办理。可将会议通知补发给其他人员，可查看通知接受回执，可对未反馈回执的部门进行催办，可取消会议通知。会议室的统计汇总要加强。

（2）形成的文件及关联等

表单证书：《会议室预订表》。

服务对象：高校内各部门工作人员。

配置说明：由统一用户管理系统、统一访问控制系统、工作流中间件、电子表单中间件、数据服务中间件、日历服务组件、消息服务组件等配置构建。

外部关联：消息中心、移动办公、短信系统、门户系统。

形成的数据资源：会议室信息数据、会议信息数据。

2. 车辆管理（编码 GEO03002）

（1）目标与功能

校务服务公共服务中的车辆管理系统主要提供车辆预订和车辆的日常管理两类功能。车辆预订包括用车申请、车辆派遣、车辆查询、车辆出行查询、车辆限行维护、常用去向维护、车辆信息维护、驾驶员信息维护、管理员信息维护、短信提醒、用车统计等功能。

车辆日常管理包括维修保养申请、用油申请、车辆杂项申请、车辆违章信息登记、车辆保养类别登记、车辆各类信息统计等功能。

（2）形成的文件及关联等

表单证书：《用车申请表》《车辆信息表》《驾驶员信息表》。

服务对象：高校内各部门工作人员。

配置说明：由统一用户管理系统、统一访问控制系统、工作流中间件、电子表单中间件、数据服务中间件、日历服务组件、消息服务组件、统计报表中间件等配置构建。

外部关联：消息中心、移动办公、短信系统、门户系统。

形成的数据资源：车辆信息数据、司机信息数据、车辆使用信息数据、车辆日常维护信息数据等。

3. 办公用品管理（编码 GE003003）

（1）目标与功能

办公用品管理提供办公用品的电子化管理、领用和统计。办公用品管理主要分为办公用品的库存登记管理、办公用品的申购流程、办公用户申领流程、办公用品统计四类功能。办公用品库存登记包括办公用品的分类、编号、生产厂家等基本信息。在办公用品的申购、办公用户申领流程中可以查看库存。办公用品统计可以汇总各部门办公用品的使用情况等数据。

（2）形成的文件及关联等

表单证书：《入库登记单》《领用登记单》。

服务对象：高校内各部门工作人员。

配置说明：由统一用户管理系统、统一访问控制系统、工作流中间件、电子表单中间件、统计报表中间件、数据服务中间件、日历服务组件、消息服务组件等配置构建。

外部关联：消息中心、移动办公、短信系统、门户系统。

形成的数据资源：办公用品库存数据、办公用品使用数据。

4. 固定资产管理（编码 GE003004）

（1）目标与功能

固定资产管理工作主要是对本单位各类固定资产进行全生命周期管理，从固定资产的申购、登记入库、申领、维修保养、报废等环节进行管理。

固定资产管理包括资产类别、基本信息、登记入库、资产的所属状态等信息的管理查询。固定资产的申购流程和申领流程中可以查询规定资产的库存数量；对领用人信息进行记录、汇总；提供对固定资产的维修情况及报废处理的管理记录；提供查询统计功能可以查询设备状态，查询权限范围内的本部门固定资产清单及资产分布情况。

（2）形成的文件及关联等

表单证书：《入库登记单》《领用登记单》。

服务对象：高校内各部门工作人员。

配置说明：由统一用户管理系统、统一访问控制系统、工作流中间件、电子表单中间件、统计报表中间件、数据服务中间件、日历服务组件、消息服务组件等配置构建。

外部关联：消息中心、移动办公、短信系统、门户系统。

形成的数据资源：固定资产库存数据、固定资产领用数据。

5. 请假管理（编码 GE003006）

（1）目标与功能

校务服务公共服务中的请假管理，主要是针对各个部门人员的电子请假及审批过程。本服务实现了单位内部人员请假申请、审批、通知、记录及销假全流程。一把手请假报区领导审批以及人员应休假期维护、休假记录及请假流程全记录，区领导（单位负责人）可查看分管部门正在休假人员、人员已休假的情况等功能，还可生成请假统计报表。请休假审批和核准流程目前在公文办理中执行。

请假管理的主要功能包括请假申请、销假申请、倒休申请、人员入职登记、请假类型登记、请假统计、倒休统计等。假期结束后，请假人员提起销假申请报领导进行审批，审批结束后系统可将请假的信息同步到考勤记录中。管理员对部门人员入职时间、工龄等信息进行登记，系统根据此信息自动计算出申请人所能享有的请假类型及时间。部门工作人员可以在系统中查询本人享有的请假类型及时间以已未用和未用假期的具体情况。

（2）形成的文件及关联等

表单证书：《请假申请单》《销假申请单》。

服务对象：高校内各部门工作人员。

配置说明：由统一用户管理系统、统一访问控制系统、工作流中间件、电子表单中间件、统计报表中间件、日历服务组件等配置构建。

外部关联：消息中心、移动办公、短信系统、门户系统。

形成的数据资源：个人请假信息数据。

6. 值班管理（编码 GE003007）

（1）目标与功能

值班管理对全区的值班安排进行管理，包括各单位的安排、审核及重要节假日的报送总值班室、值班室编排和发布的过程。实现值班工作的信息化管理。

值班管理包括值班表导入、值班表发布、值班统计、节假日管理、换班管理、替班管理、短消息提醒等功能。系统根据预先拟订的值班安排自动向当天的值班人员发送通知提醒。

系统提供按照时间、值班人员姓名、记录事件类别等多种手段进行查询的功能，以便领导随时掌握值班人员工作情况。

（2）形成的文件及关联等

表单证书：《排班表》。

服务对象：高校内各部门工作人员。

配置说明：由统一用户管理系统、统一访问控制系统、电子表单中间件、统计报表中间件、日历服务组件、消息服务组件等配置构建。

外部关联：消息中心、移动办公、短信系统、门户系统。

形成的数据资源：值班安排信息数据、个人值班信息数据。

7. 考勤统计（编码 GE003008）

（1）目标与功能

实现网上签到考勤、请假、值班等信息的统计数据形成个人、部门的考勤汇总表。

考勤统计包括考勤登记、考勤汇总审批、考勤统计等主要功能。对网上签到考勤、请假、值班等信息进行统计汇总，形成个人、部门的考勤汇总表。对于因公等原因未能按时打卡的人员系统，可通过销假审批核准后取消考勤表中的相关信息。考勤管理员可针对按时间、部门、请假类型等不同条件查询到工作人员的考勤情况汇总考勤表。

（2）形成的文件及关联等

表单证书：《考勤汇总表》。

服务对象：高校内各部门工作人员。

配置说明：由统一用户管理系统、统一访问控制系统、电子表单中间件、统计报表中间件、数据服务中间件、日历服务组件等配置构建。

外部关联：消息中心、移动办公、短信系统、门户系统。

形成的数据资源：个人及部门考勤数据。

（三）沟通协作及辅助办公管理

1. 即时消息（编码 GE006001）

（1）目标与功能

即时信息服务为部门用户提供实时、便利的信息交流、文件传送途径。本服务主要功能包括：即时会话，对即时消息进行在线编辑；文件传输，通信双方可以传递文件、图片；多人会话，可以建立即时信息通信组，实现即时的多人会商、协作交流等。

（2）形成的文件及关联等

表单证书：无。

服务对象：高校内各部门工作人员。

配置说明：由统一用户管理系统、统一访问控制系统、即时通信系统、消息服务组件、单点登录服务组件等配置构建。

外部关联：消息中心、移动办公、门户系统。

形成的数据资源：个人会话信息记录数据、人员分组及权限信息数据。

2. 内部邮件（编码 GE006002）

（1）目标与功能

校务服务公共服务中的内部邮件，是提供邮件电子化。本服务提供了非公文类信息、私人化交流、资料传递的方法，实现了专题信息分类，书记、区长来信提醒功能，可跟踪收件人对此邮件的阅读情况。建组功能可灵活创建常用收件人群组，并可按条件，如性别、政治面貌、职务级别、学历等，在系统内筛选收件人，一次性群发邮件，提高效率。提供对邮件系统的单点登录整合，在部门办公门户中集成个人待阅邮件的数量、标题等提醒信息，点击可单点登录到全区邮件系统中阅读处理个人邮件。

（2）形成的文件及关联等

表单证书：无。

服务对象：高校内各部门工作人员。

配置说明：由统一用户管理系统、统一访问控制系统、邮件系统、消息服务组件、单点登录服务组件等配置构建。

外部关联：消息中心、移动办公、短信系统、门户系统等。

形成的数据资源：往来邮件信息数据、个人邮箱地址信息数据。

3. 短信办公（编码 GE006003）

（1）目标与功能

校务服务公共服务中的短信办公，是可以提供信息提醒、回复等短信办公功能。短信办公系统提供功能包括：待办文件提醒功能，实现通过短信向用户发送待办文件提醒信息功能，短信中应包含本文件的关键信息，如标题、文号、发文单位等；短信文件批复功能，用户能够通过短信对待办文件进行回复，将批示意见显示在文件上，并直接发送给指定接收人；短信回执功能，能够查询短信发送状态，是否发送到手机客户端，客户是否正确接收等；短信回复功能，根据短信回复内容，实现文件的自动流转。

（2）形成的文件及关联等

表单证书：无。

配置说明：由统一用户管理系统、统一访问控制系统、短信系统、消息服务组件、单点登录服务组件等配置构建。

外部关联：消息中心、门户系统。

形成的数据资源：人员通信录数据、短信往来信息数据。

第四章　决策树在高校教学中的应用

罗斯昆（J.ROSS Quinlan）于 1986 年提出的 ID3 算法和 1993 年提出的 C4.5 算法，是当前最有影响的两种决策树算法。ID3 只能处理离散型描述属性，它选择信息增益最大的属性划分训练样本，其目的是进行分枝时系统的熵最小，从而提高算法的运算速度和精确度。C4.5 算法使用信息增益比来当作选择根节点和各内部节点中分支属性的评价标准，克服了 ID3 算法使用信息增益选择属性时偏向于取值较多的属性的缺点，本章就这两种算法的相关内容展开论述。

第一节　决策树基本算法概述

一、决策树算法简介

（一）决策树的概念

决策树是一种采用树状结构的有监督分类或回归算法。决策树是一个预测模型，表示对象特征和对象值之间的一种映射。其不需要学习者有多少相关领域知识，是一种非常直观易于掌握的算法。

（二）决策树的优点

①进行分类器设计时，决策树分类方法所需要的时间相对较少。

②决策树的分类模型是树状结构，简单直观，符合人类的理解方式。

③可以将决策树中到达每个叶节点的路径转化为 THEN...IF 形式的分类规则，这种形式更有利于理解。

④效率高，决策树只需要一次构建，可反复使用，每次预测的最大计算次数不超过决策树的深度。

二、ID3 算法简介

ID3 算法是罗斯昆于 1986 年提出的一种基于信息熵的著名决策树生成算法，是目前最具影响且引用率很高的一种决策树分类算法。ID3 的基本概念以下。

①决策树中每个非叶节点对应着一个非类别属性，树枝代表这个属性的值。一叶节点代表从树根到叶节点之间的路径对应的记录所属的类别属性值。

②每一个非叶节点都将与属性中具有最大信息量的非类别属性相关联。

③采用信息增益来选择能够最好地将样本分类的属性。

ID3 的基本思想是自上向下地使用贪心算法搜索训练样本集，在每个结点处测试每一个属性，从而构建决策树。信息论借用了热学中"熵"的概念来描述信息集中数据的有序性。在热学中，熵是和无序性相关联的，无序性越高，熵值越大。使集合有序化或者结构化意味着熵值的降低。ID3 总是选择具有最高信息增益（或最大熵压缩）的属性作为当前节点的测试属性。该属性使得对结果划分中的样本分类所需的信息量最小，并反映划分的最小随机性或"不纯性"。这种信息理论方法使得对一个对象分类所需的期望测试数目达到最小，并尽量确保找到一棵简单的（但不必是最简单的）树来刻画相关的信息。设 S 是 s 个数据样本的集合。假定类标号属性具有 m 个不同值，定义 m 个不同类 Ci（i=1，2，…，m）。设 Si，是类 Ci 中的样本数。对一个给定的样本分类所需的期望信息由下式给出。

$$I = (s_1,\ s_2,\ldots,\ s_m) = -\sum_{i=1}^{m} p_i lb(p_i)$$

其中，P_i 是任意样本属性 C_i 的概率，一般可用来估计。注意，对数函数以 2 为底，因为信息用二进制编码。

设属性 A 具有 v 个不同值 {a_1，a_1，…，a_v}。可以用属性 A 将 S 划分为 v 个子集 {s_1，s_2，…，s_v}，其中，s_j 包含 S 中这样一些样本，它们在 A 上具有值 a_j。如果 A 作为测试属性（最好的分裂属性），则这些子集对应于包含集合 S 的节点生长出来的分支。

设 s_{i+j} 是子集 s_j 中类 C_i 的样本数。根据由 A 划分成子集的熵由下式给出

$$E(A) = -\sum_{j=1}^{v} \frac{s_{1j} + s_{2j} + \ldots s_{mj}}{s} I(s_{1j},\ s_{2j},\ldots,\ s_{mj})$$

这里，当 $\frac{s_{1j} + s_{2j} + \ldots + s_{mj}}{S}$ 充当第 j 个子集的权，并且等于子集（A 值为 a_j）中的样本个数除以 S 中的样本总数。熵值越小，子集划分的纯度越高。注意，根据上面给出的期望信息计算公式，对于给定的子集，其期望信息有下式计算。

$$I = (S_{1j},\ S_{2j},\ldots,\ S_{mj}) = -\sum_{i=1}^{m} P_{ij} lb(p_{ij})$$

其中，$p_{ij} = \frac{s_{ij}}{|s_j|}$ 式中的样本属于类 C_i 的概率。

由期望信息和熵值可以得到对应的信息增益值，对于在 A 上分支将获得的信息增益可以由下面的公式得到。

$$Gain(A) = I(S_1, S_2, \ldots, S_m) - E(A)$$

ID3 算法计算每个属性的信息增益，并选取具有最高增益的属性作为给定集合 S 的测试属性。对被选取的测试属性创建一个节点，并以该属性标记，对该属性的每个值创建一个分枝，并据此划分样本。

下面以一个最简单的例子来说明 ID3 算法分类的过程，所采用的数据集以下。数据集是关于动物的，包含 5 个属性。

① Warm_blooded。

② feathers。

③ fur。

④ swims。

⑤ Lays_eggs。

为简单起见，每个属性只有两个值：0 和 1。选取 6 个样本。

最终需要分类的属性为 Lays_eggs，它有两个不同值：0 和 1，1 有 4 个样本，0 有 2 个样本。为计算每个属性的信息增益，我们首先给定样本 Lays eggs 分类所需的期望信息。

$$I(s_1, s_2) = (4,2) = -\frac{4}{6}Ib\frac{4}{6} - \frac{2}{6}Ib\frac{2}{6} = 0.918$$

接下来计算每个属性的熵。从 Worm_blooded 属性开始，观察 Warm_blooded 的每个样本值的分布。对于 Warm_blooded=1，有 3 个 Lays_eggs=1，2 个 Lays_eggs=0；对于 Warm_blooded=0，有 1 个 Lays_eggs=1，没有 Lays_eggs=0。所以，对每个分布计算期望信息如下。

对于 Warm_blooded=1

$$S_{11} = 3, \quad S_{21} = 2, \quad I(S_{11}, S_{22}) = 0.971$$

对于 Warm_blooded=0

$$S_{12} = 1, \quad S_{22} = 0, \quad I(S_{12}, S_{22}) = 0$$

因此，如果样本按 Warm_blooded 划分，对一个给定的样本分类对应的熵为以下所示。

$$E(Warm\_blooded) = \frac{5}{6}I(S_{12}, S_{22}) = 0.809$$

最后计算这种划分的信息增益是，以下所示。

$$Gain(Warm\_blooded) = I(s_1, s_2) - E(Warn\_blooded) = 0.162$$

类似的，可以计算得到以下内容。

Gain（Warm_blooded）=0.459

Gain（fur）=0.316

Gain（swims）=0.044

由于 feather 在属性中具有最高的信息增益，所以它首先被选作测试属性。并以此创建一个节点，用 feather 标记，并对于每个属性值，引出一个分枝，数据集被划分成两个子集。

根据 feather 的取值，数据集被划分成两个子集，对于决策树生成过程来说，是子树生成过程。下面先看左子树的生成，然后再看右子树的生成过程。

对于 feather=1 的所有元组，其类别标记为 1。所以，根据决策树生成算法步骤 2 和 3，得到一个叶节点，类别标记为 Lays _eggs=1。

对于 feather=0 的右子树中的所有元组，我们计算其他三个属性的信息增益以下所示。

$$\text{Gain（Warm \_blooded）}=0.918$$

$$\text{Gain（fur）}=0.318$$

$$\text{Gain（swims）}=0.318$$

当然，对于第一次划分后的右子树 T2，可以把 Warm _blooded 作为决策属性，以此类推，可以通过计算信息增益和选取当前最大的信息增益属性来扩展树。最后，得到如图4-1 所示的决策树。

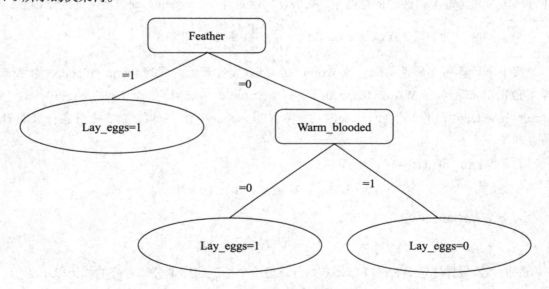

图 4-1　ID3 算法生成的决策树

通过上面的例子，可以清楚地看出 ID3 算法是如何对给定数据集进行分类的。

ID3 算法本身还需改进的部分主要有以下几点。

第一，ID3 算法只能处理分类属性，而不能处理数值属性。一个改进的办法是事先将数值属性划分为多个区间，形成新的分类属性。划分区间的主要问题是阈值的计算，即区间端点取舍，这包含了大量的计算。

第二，每个结点的合法分裂数比较少，并且只能用单一属性作为分支测试属性。

第三，ID3 算法对训练样本的质量的依赖性很强。训练样本的质量主要是指是否存在噪声和是否存在足够的样本。

第四，ID3 的决策树模型是多叉树，结点的子树个数取决于分支属性的不同取值个数，这不利于处理分支属性的取值数目较多的情况。目前，流行的决策树算法大多都采用二叉树模型。

第五，ID3 算法不包含树的修剪，这样模型受噪声数据和统计波动的影响比较大。

第六，在不重建整棵树的条件下，不能合理地对决策树做更改。也就是说，当一个新样本不能被正确地分类时，就需要对树进行修改以适用于这一新样本。

三、C4.5 算法简介

C4.5 算法要在 ID3 算法基础上计算信息增益比，以此作为选择根节点和各内部节点中分枝属性的评价标准，以纠正偏向于取值较多的属性的不足。该属性的信息增益比定义式以下式所示。

$$Gain\_ratio(A_f) = \frac{Gain(A_f)}{split(A_f)}, f = 1,2,\ldots, \ d$$

分母 split（A）的定义式以下式所示。

$$split(A_f) = \sum_{s=1}^{q} \frac{n_s}{total} \times lb(\frac{n_s}{total}), \ f = 1,2,\ldots, \ d$$

C4.5 算法本身还需改进的部分主要有以下几点。

第一，C4.5 采用的是分而治之的策略，在构造树的内部结点的时候是局部最优的探索方式。所以，它得到的最终结果尽管有很高的准确性，当然有可能达不到全局最优的结果。

第二，一边构造决策树，一边进行评价。决策树构造出来后，很难再调整树的结构和内容。决策树性能的改善十分困难。

第三，C4.5 在进行属性值分组时逐个试探，没有使用启发式搜索的机制，分组时的效率较低。

第二节　决策树算法在学生素质分析中的应用

一、学生素质分析与决策树分类

为适应现代化建设的需要，随着高等教育由精英化教育向大众化教育的转变，能够接受高等教育的学生数量越来越多，因而未来大学生的素质高低，尤其是二本、三本院校的大学生素质的高低，将直接影响着社会对大学生的认可程度。所以对他们的素质的分析显得尤为重要。

学生的状态和发展要想较为准确地预测，单纯靠经验分析是不可行的，需要一种科学的素质分析方法，来找出影响普通院校大学生素质的规则和模式，帮助制定针对性的教育管理措施，同时，也可以给学生就业提供依据和参考。在此背景下，利用数据挖掘中面向属性的归纳和决策树 C4.5 算法来进行学生素质分析，不失为一种科学而又合理的方法。

数据挖掘中的分类是按照一组数据对象的特征给出其划分的过程，要求有已知分类的样本数据作为训练集，经过对训练集的学习得到关于分类的标准，从而对新数据进行分类。把这一概念引申到学生的素质分析中，就是对已有的学生样本数据进行学习，得到分类的规律，从而对新的学生数据进行分类。在求解分类问题的方法中，决策树是最常用的一种方法，应用这种方法需要构建一棵树对分类过程进行建模，一旦建好了树，就可以将其应用于数据库中的元组并得到分类结果。利用决策树方法进行数据挖掘，步骤为数据预处理、决策树挖掘、规则提取及应用。

二、学生素质分析与数据预处理

大数据除了具备数据的海量性外，更重要的是数据的复杂性，现实中的数据并不像我们想象中的那样规范，有很多是不完整的、有噪音的，它们对于挖掘者来说缺乏兴趣属性，或者包含错误信息。我们知道，数据挖掘的结果来源于原始数据，原始数据质量的优劣直接影响到最终分析结果的价值高低，要想获得高质量挖掘质量，就必须先拥有高质量的数据。所以，如果一味地将精力投入分析数据中而不关注数据本身，必然会造成对时间、人力、物力的浪费。可见在挖掘大数据所潜藏的知识的过程中，对数据进行预处理消除原始数据中的噪音、错误等干扰信息，是有重要意义的。数据挖掘的处理对象是大量的数据，这些数据一般存储在数据库系统中，是长期积累的结果，但往往不适合直接挖掘，需要做数据的预处理工作，此工作准备得是否充分，对于挖掘算法的效率乃至正确性都有关键性的影响。数据库系统中的学生信息表，有大量的与素质分析不相关或弱相关的噪音数据和信息，为此，需要应用面向属性的归纳方法对数据进行预处理。

面向属性的归纳方法于 1989 年首次被提出，韩家炜等人对此做了比较全面的介绍。它是一种面向关系数据库查询、基于概化、联机的数据分析处理技术。面向属性归纳的基本思想：首先使用关系数据库查询收集任务相关的数据，然后通过考察任务相关数据中每个属性的不同值的数量，进行属性概化。生成的结果广义关系可以映射到不同形式（如图表或规则）提供给用户。

属性删除：如果初始工作关系的某个属性有大量不同的取值，但在此属性上没有概化操作符，或者它的较高层概念可用其他属性表示，则该属性应当从信息表中删除。

属性概化：如果初始工作关系的某个属性有大量不同的取值并且该属性上存在概化操作符，则应当选择该概化操作符并将它用于该属性。

相关分析：相关分析的目的在于减少输入变量之间的冗余度和保证输入变量与输出变

量之间有一定的相关性，对属性进行相关分析可以采用相关系数等方法。有些属性可以根据逻辑直观地判断。

连续型属性概化为区间值：由于在建立决策树时，用离散型数据进行处理速度最快，所以应对连续型数值进行离散化处理。

学生素质类别：对于决策属性学生素质类别，按照中队、学生工作部、学院意见等，结合选培办考核情况，划分为优秀、合格、基本合格。

三、学生素质分析的用算法构建决策树

数据预处理后，开始归纳决策树，此过程使用数据预处理得到的训练集。采集学生信息，随机抽取大约70%作训练集，其余30%作测试集。根据分类决策树C4.5算法的两个阶段：树的生成和树的剪枝。首先，根据信息增益最大的标准选择某个属性对训练集进行划分，递归调用直到每个划分中的所有例子属于同一个类；其次，对建立的树进行剪枝。算法具体处理过程以下。

①计算给定样本分类所需的总信息熵。设 S 为训练集样本总数，共有 m 类样本 C_i（i=1，2，3，…，m），S_i 为类 C_i 中的样本数，计算公式以下所示。

$$I(s_1,\ s_2,...,\ s_m) = -\sum_{i=1}^{m} p_i \log_2(p_i)$$

其中，是任意样本属于的概率，可用 $\frac{S_i}{S}$ 来估计。

②计算每个属性的信息熵。设属性 X 具有 v 个不同值 $\{x_1,\ x_2,\ …x_v\}$，将 S 划分为 v 个子集 $S_1,\ …,\ S_v$，其中，S_j 包含 S 中这样一些样本，它们在 X 上具有值 X_j（j=1，2，…，v）。以属性 X 为分类所需的期望熵由下式给出。

$$E(X) = \sum_{j=1}^{v} \frac{S_{1j} + ... + S_{mj}}{S} I(S_{1j},...,\ S_{mj})$$

其中，S_{1j} 是子集 S_j 中属于类的样本数，$I(S_{1j},\ …,\ S_m) = -\sum_{i=1}^{m} p_{ij} \log_2(p_{ij})$，$p_{ij} = \frac{S_{ij}}{S_j}$ 是 S_j 中的样本属于 C_i 类的概率。

③计算信息增益和信息增益率。属性 X 的信息增益函数为：Gain（X）=I（S_1，S_2，…，S_m）-E（X）

为减少高分枝属性的影响，还需要计算该属性的信息增益率。信息增益率的方法同时考虑了每一次划分所产生的子节点的个数和每个子节点的大小，考虑的对象主要是一个个地划分，而不再考虑分类所蕴含的信息量，计算公式以下。

$$A(X) = \frac{Gain(X)}{I(S_1, \ldots, S_v)}$$

其中，V 为该节点的分枝数，为第 i 个分枝下的记录个数。

④归纳决策树。为了达到最佳分枝的目的，C4.5 先依次计算各个属性的信息增益 Gain（X）和信息增益率 A（X），然后仅对那些高于信息增益平均值的属性应用增益比率进行测试，即选取具有最高信息增益率，同时获取的信息增益又不低于所有属性平均值的属性作为测试属性，以该属性作为节点，属性的每一个分布引出一个分枝，据此划分样本。要是节点中所有样本同属一个类，则该节点成为树叶，以该类标记树叶。以此类推，直到子集中的数据记录在主属性上取值都相同，或没有属性可再供划分使用，递归地形成初始决策树。

⑤决策树剪枝。剪枝操作是为了解决决策树学习算法中"过拟合"的情况，由于决策树算法会不断重复特征的划分过程，或者由于噪声数据的存在，有时候会使得决策树分支过多，造成过拟合的情况，即对训练数据的分类很准确，但是对未知的测试数据的分类却没那么准确。在这种情况下，可以采用主动去掉分支的方法降低过拟合的风险。一般存在"预剪枝"和"后剪枝"两种策略。一棵树被构建以后，还需要对树进行修剪，以提高在分类阶段树的效能。剪枝阶段可能会删除过多的比较或者删去一些子树，以获得更好的性能，同时也可以使决策树得到简化，而变得更加容易理解。C4.5 算法的剪枝策略可采用子树替代法，修剪的原则是对子树的预测错误率和单独一个子叶的预测错误率比较，如果单叶的错误率比子树的更小，就用此子叶代替子树。

⑥可信度。设 A、B 为项集，对于事务集 D，A ∩ B=Φ，A，B 的可信度定义以下。

$$可信度（A \to B）= \frac{包含A和B的元组数}{包含A的元组数} \times 100\%$$

可信度表达的就是在出现项集 A 的事务集 D 中，项集 B 也同时出现的概率。

四、学生素质分析与决策树规则提取与应用

决策树生成后，遍历形成的决策树，从根到叶就发现若干条路径，每一条路径对应一条规律，整棵树就形成了一组表达式规则，然后详审规则集去发现最有效的子集，最后的规则集可存储在一个文件中。为了得到最有价值的结果，必须对决策树进行分析和评估。

通过利用决策树算法对学生素质进行分析可以清晰地看出，英语成绩是一个主要的影响因素，英语成绩通过四、六级的学生群体，素质基本较高，这与选培办平常经验统计判断所得结果相吻合，也与目前高校重视英语教育的程度基本符合。

此外决策树显示，学生群体的生源地区属性不是影响学生素质的重要因素，在选拔工作中可以不作为主要选择因素考虑。得到最终的决策树模型之后，可以使用其来对学生新生或预备加入学生群体的学生进行分类预测，根据预测结果高低，来确定针对性的教育管

理措施或者作为是否适合选拔学生的重要依据。

第三节　决策树算法在高校学生流失分析中的应用

学生流失在当前各高校是一个十分普遍的现象，这些对高校的管理和教学是一个挑战而如何预防和减少学生的流失则成为各高校迫切需要解决的问题。

高校在发展的同时，也整合了大量的学生个人信息数据。在这些海量的数据中隐藏着一些内在的联系和规律，对分析研究高校学生流失的原因有很大的帮助。从海量数据中挖掘出有价值的信息，是预防和减少学生流失的一个重要手段。

学生流失问题中，应用数据挖掘的目的在于找出学生状态特点与是否违约之间的关系，从中提取出规则或模式，建立学生流失预测模型，并了解哪些因素对流失影响较大，从而采取相应措施。由于学生流失这一现象具有很强的个体差异性，其原因随学生所在地区、学校等不同条件而不同。对于大学生的分类采用决策树方法，将大学生考试、基本信息、课程学习等历史记录作为分析依据，结合班主任、教学点对学生的流失状态的分析，其中也包括了主管因素、经验判断等，确定学生流失状态的分类，以确保在籍学生的学习完善过程。如果把整个算法看成一个整体，那么系统在逻辑上的输入数据就是训练集和相关的配置信息，如决策树大小，而输出数据则是一个用线性方式表示的多元决策树。问题的关键所在是如何建立起一个细化能力强且分类准确率高的分类器。为了提高分类器的性能与效率，进行了数据预处理。首先是进行属性选择，在学生自身众多的特征中，比较关心的是学生的成绩、性格、来源与父母文化程度等这些要求，而诸如年龄、身体状况等与流失原因之间的关系并非我们所要关心的。因此，在进行数据挖掘工作时可将这些属性去掉，这样既能提高挖掘效率，又能提高分类器的泛化能力。为此，选定了素质测评得分、高考成绩、性格、生源地类别、父母文化程度、是否流失等内容。然后，进行概念化分段，利用概念层次和面向属性归纳方法对数据相关数值属性值进行泛化归纳，将其映射为等价的概念值。

其中，测评得分为 5 级；高考成绩按照超过划线分 10～20 分、20～40 分，40 分以上概化为 A1、A2、A3 共 3 级；性格上按照英国的培因（A.Bain）和法国的李波特（T.Ribot）提出的分类法，根据理智、情绪、意志 3 种心理机能在人的性格中所占优势不同，分为情绪型 B1、意志型 B2、理智型 B3；生源地按照行政级别划分为大城市 C1、中小城市 C2、乡镇农村 C3；父母文化程度按初中以下（含初中）D1，高中（含中专）D2，大学（专科、本科及以上）D3 概化；属性是否流失，0 为未流失，1 为流失。

最后，构建决策树。决策树生成后，普遍形成的决策树，从根到叶就发现若干条路径，每一条路径对应一条规律，整棵树就形成了一组表达式规则，然后就可以详审规则去发现最有用的子集。从决策树中可以看出，学生的生源地、性格以及父母的文化水平都会对学生的流失产生一定的影响，来自农村、性格易受父母影响的且父母文化水平不高的学生容易出现流失。此外，决策树显示，高考成绩对学生流失与否基本不产生影响。

第四节　决策树分类技术在高校教学信息挖掘中的应用

一、高校决策树分类技术对提高教育质量的意义

近年来随着高校的不断扩招，学生人数大幅度增加，给高校学生管理、教学工作带来了严峻考验，传统的教学管理手段已不能适应社会的发展。数据挖掘是一种决策支持过程，是深层次的数据信息分析方法，将数据挖掘分类技术应用于对教学的信息挖掘无疑是非常有益的，它可以全面地分析考试结果与各种因素之间隐藏的内在联系。随着数据挖掘技术的成熟及应用领域的不断应用，不少高校研究人员已开始研究将数据挖掘技术应用于高校的教学、管理中。例如，将数据挖掘技术应用于学生信息管理、高校的教学评估、学生成绩分析及考试系统中，对提高学校教学管理水平起到了很好的指导作用。通过数据挖掘分析，其评价结果能给教学带来前所未有的收获和惊喜。过去，对教学过程中的大量数据信息的处理通常采用数据库的查询方法。这里提出了采用数据挖掘中的分类算法，可以将大量的数据转化为分类规则，从而更好地分析这些数据。其对提高教育质量有重大意义。

（一）决策树分类技术使教育行为更具科学性

教育行为的改变需要科学的决策作为指导，现行的决策方法是根据某一现象，应用某一方面的教育理论，进行分析、推理和判断，最终做出决策。决策过程中可能会采用某一统计数据和基于某一样本的采样数据，以及基于某一样本在特定时间内的实验数据，其中的弊端可见。通过数据挖掘获得关联规划，从历史的数据中向决策者提供某种规律，使教育决策更趋科学化和理性化。

（二）决策树分类技术指导课程设置

现在大多数高校都开设了与大学生就业指导相关的课程，但是这些课程往往以全体大三学生作为对象，缺少针对性。根据学生基本信息等历史数据进行挖掘使得开设课程更加符合学生的切身实际，同时为学生提供更加有效的指导。根据分类规则中这些因素的组合，对学生进行划分，并对不同的学生群体开设相应的课程。

（三）决策树分类技术作为课程安排的依据

现行课程安排的主要依据是前导课程为后继课程的基础，没有考虑学科之间的关联性，在实行中造成相关课程开设时间间隔大，相关课程开设不连续等现象。根据对历史数据进

行挖掘得到的分类规则与其他教育规律，可提供给学校的教学研究部门，作为以后开课排课的依据，这样既考虑了基础性知识的衔接，又兼顾了学科之间的相关性，以提高教学效果和效率。例如，通过对学生第三和第四学期所学课程之间关系挖掘得到的关联，将第三和第四学期具有相关性的课程的开设时间进行调整，使得课程学习更具有连续性，帮助学生更全面掌握所学知识。

（四）决策树分类技术改进和完善教育科研

教育科学研究属社会科学研究范畴，但教育科学又有其特殊性，长期以来理论研究较多而实验研究较少，导致很多成果和论文无法在教育实践中应用（没有实验和实践基础）；重定性分析而轻定量分析（或有小样本的采样数据），很多成果、结论、论文缺少数据的支持而缺少说服力。在教育科研中，进行工程科学的研究方式，引入数据挖掘技术，采用数据挖掘的结果，将改进和完善教育科研。

二、高校数据挖掘分类技术的应用实施方案

数据挖掘阶段，首先要确定挖掘的任务或目的，如数据分类、聚类、关联规则发现或序列模式发现等。确定了挖掘任务后，就要决定使用什么样的挖掘算法。选择实现的算法有两个考虑因素：一是不同的数据有不同的特点，所以需要用与之相关的算法来挖掘；二是要根据用户或实际运行系统的要求，有的用户可能希望获取描述型、容易理解的知识，而有的用户只是希望获取准确度尽可能高的预测型知识。选择了挖掘算法后，就可以采取数据挖掘操作，获取有用的模式。数据挖掘分类技术的应用的具体实施方案，主要有以下步骤。

①确定挖掘对象、目标。

②数据采集。

③数据转换。

④数据分类挖掘。

⑤分类规则结果分析。

⑥知识的应用。

在高校每学期总评时，总是希望从学生的综合成绩中发现学习成绩与参加社会活动、文体活动，甚至单独的英语成绩之间的关系。为此选定这样一个数据模型（数据记录＞200人）：学生情况数据库，包括学号、性别、英语成绩、高数成绩、专业课总体成绩、平时成绩、名次、社会活动情况、文体活动情况等。

三、高校教学信息挖掘系统应具有的特点

（一）高校教学信息挖掘系统的特点

从评价的方法来看，传统意义上的学生评价多采用标准化测验，它只能考查学生知道什么，不能考查学生能做什么；只能考查一般的基本技能，不能考查 21 世纪学生所必需的重要的高级思维技能及创新能力，忽视了对学生以后的工作、学习有重要价值的方法和能力的获得的考查。在教育信息化环境下，以学为中心的教育信息挖掘系统设计具有以下特点。

①全面认识学生基本信息的多重价值，注重展现学习者成绩及综合评价、诊断、激励和发展性功能。

②既重视结果，又关注过程，促进形成性评价与学习者特征及学习乃至行为的指导进行有机结合。采用多样化的评价标准和分析方法，积极发挥学生在挖掘过程中的作用和主体地位。

③通过使用计算机网络技术，可以实现某些评价的自动化和智能化，从而降低教师的工作强度提高工作效率，所以对学生的全面素质实施评价具有现实可行性，通过相关的特征挖掘出深层次内涵。

（二）高校教学信息挖掘系统的数据挖掘步骤

对教学信息进行数据挖掘，首先应对学生的学习特征进行分析。学生的学习特征由学习者的知识基础结构和学习状态及学习习惯组成。利用数据挖掘功能分析学习者特征，目的在于帮助学习者修正自己的一些不良学习行为，在理论上帮助分析学习情况。学习者特征分析系统由以下三个模块组成。

①人机互动界面是指学习者可以向数据挖掘系统中手工或自动添加学习者信息、学习者习惯特征、学习者现有的学习基础，然后提出分析要求，同时查看分析结果。

②数据收集模块为收集到的信息包括学生的基本信息、成绩信息、学习爱好、家庭学习氛围、已有的知识结构、学生综合测评信息等。

③数据处理和分析模块是关键模块，为核心的两个单元，数据库要按照数据标准对数据进行清理、集成和转换，利用经过转化的数据，按照数据挖掘规则，对数据进行分析处理，得出需要的、有用的，并能分析出具体原因的结果。

四、高校数据预处理及示例说明

数据预处理是数据挖掘（知识发现）过程中的一个重要步骤，尤其是在对包含有噪声、不完整，甚至是不一致数据进行数据挖掘时，更需要进行数据的预处理，以提高数据挖掘对象的质量，并最终达到提高数据挖掘所获模式知识质量的目的。数据预处理又可分为四个步骤：数据清洗、数据集成、数据变换和数据消减。数据清洗处理过程通常包括填补遗

漏的数据值、平滑有噪声数据、识别或除去异常值，以及解决不一致问题。

（一）数据特点

学生成绩分析就是发现两个或多个属性之间的函数关系。要分析学生学习成绩的成因，需要有多个方面的数据。

①学生基本信息。数据结构以下：学号、姓名、性别、籍贯、所属院系、专业、班别等。这些信息可以通过学校的学生管理信息系统获得。

②学生特征信息。内容包括对专业、课程的热爱程度、学前知识的掌握程度、课堂学习的效果、学习方法等。

③成绩数据库。成绩数据库中包括学生的平时作业成绩及课程的考试成绩。这个数据库由教师在教学过程中产生。

（二）数据预处理

1. 数据集成

数据集成就是将来自多个数据源（如数据库、文件等）数据合并到一起。由于描述同一个概念的属性在不同数据库取不同的名字，在进行数据集成时就常常会引起数据的不一致或冗余。大量的数据冗余不仅会降低挖掘速度，而且会耽误挖掘进程。因此，在数据集成中还需要注意消除数据的冗余数据转换主要是对数据进行规格化操作。如把连续值数据转换为离散型数据，以便于符号归纳，或是把离散型数据转换为连续值型数据以便于申请网络计算。可以将数据采集得到的多个数据库文件，利用数据库技术生成学生成绩分析基本数据库。

2. 数据清理

数据清理的主要工作就是填补遗漏的数据位。在学生成绩分析基本数据库中可能缺少一些我们感兴趣的属性值，对于这些空缺，可以使用数据清理技术来填补。采用忽略元组的方法删除调查数据中有大量空缺项的记录。对于其他个别空缺，因为总的记录数不算太多，而空缺值较少，其他的个别空缺值采用人工填充的方法，填充原则是以该记录的其他属性值作为筛选前提，在数据库中进行筛选，筛选后，使用多数属性值填充该空缺。

3. 数据转换

数据转换主要是对数据进行规格化操作。由于大多数属性属于离散值属性，只有个别连续值属性（如平时成绩及总成绩属性），需将连续值属性离散化处理。使用概念分层技术，可以将连续值属性转换为离散值属性（离散化）。直方图分析是一种较简单的离散化方法，分为等宽分箱和等深分箱两类。等宽分箱将属性值划分成相等的部分或区间。在等深分箱中，属性值被划分使得每个部分包括尽可能相同个数的样本。经过转化的数据就可以进行数据挖掘工作了，挖掘出学习者的学习特征，将其存放在模型库中。数据挖掘提供两种主要模型，即预测模型和描述模型。

4. 数据消减

数据消减的目的就是缩小所挖掘数据的规模，但却不会影响（或基本不影响）最终的挖掘结果。现有的数据消减包括数据聚合、消减维数、数据压缩、数据块消减等。

数据消减的目的是缩小所挖掘数据的规模，但却不会影响（或基本不影响）最终的挖掘结果。由于学生信息表中的属性字段很多，为了便于决策树模型的建立，选择其中与成绩属性相关性较大的课后上机时间、学习前对课程的了解程度、课堂学习情况、平时作业情况、总成绩属性作为建立总成绩分类决策树模型的依据，生成新的学生成绩分析基本数据表。通过数据挖掘技术，把不同学习者的学习情况存入了模型库，教师可以通过它及时地了解学习者的需求、兴趣爱好、个性差异、学习成绩等信息，并以此为依据为不同学习者提供动态的学习内容、动态的导航机制、推荐个性化的学习材料等服务；真正实现个性化教学。前面所述学生情况数据库进行以下的量化、转换、清理、集成等处理工作，得到了相应的数据库，以方便下一步数据挖掘工作。学号字段值为 1 ~ 200；性别字段值为男或女；英语成绩字段转换为英语加分字段，字段值按以下进行定义：0 表示没有通过四级，0.5 表示通过四级，1 表示通过六级。

社会活动情况转换为社会活动加分字段，字段值按以下方式进行定义：0 表示基本不参加社会活动，0.2 表示参加社会活动适度，0.4 表示参加社会活动过多。文体活动情况转换为文体活动加分字段，字段值按以下方式进行定义：0 表示基本不参加文体活动，0.2 表示参加文体活动并取得了较好成绩。平时成绩，专业课综合成绩，高数成绩，字段值均按 0 ~ 100 百分制处理。名次字段值为 1 ~ 200，且记录按名次从高到低排列。

在这一阶段应用 ID3 算法建立一棵相应的决策树，需先确定正例个数 p 和反例个数 n，现将名次在前 15 名成绩好的学生定义为正例，后 35 名成绩不好的学生定义为反例，即 p=15，n=35。通过英语加分具有最大的信息增值，故英语加分被选为根节点并向下展开，最终生成的决策树。并通过此时生成的决策树可以得出以下结论。

①英语没有通过四、六级考试的学生学习成绩不好。

②对于英语通过四、六级考试的学生，可以看出他们较为重视学习，均没有过重的活动负担，其中社会活动安排适度的学习成绩也好。

③对于英语仅通过四级考试的学生情况就显得较为复杂，但也可以看出学生的学习、社会及文体活动安排合理时学习成绩也好，而如果学生参加了太多的社会活动、文体活动时，也会影响他们的学习成绩，导致学习成绩不好。

综上所述，基于相关性属性决策算法生成决策树模型。

由于学生信息表中的属性字段很多，在建立成绩是否优良决策树模型时，选择了其中与成绩属性相关性较大的课后上机时间、学习前对课程的了解程度、课堂学习情况、平时作业情况属性字段，是否优良属性作为类别属性。建立成绩是否不及格决策树模型时，以是否不及格属性作为类别属性。由于学生信息表中的属性字段很多，为了便于决策树模型的建立，选择其中与成绩属性相关性较大的课后上机时间、学习前对课程的了解程度、课堂学习情况、平时作业情况、总成绩属性作为建立总成绩分类决策树模型的依据，生成新的学生成绩分析基本数据表。

五、高校数据分类挖掘

（一）对数据分类挖掘的概述

分类挖掘的目的是建立成绩分析决策树模型，基于数据集的特点，在该分类挖掘研究中，为了让生成的规则易于理解，选择使用决策树方法。由于训练集不是太大，可以选用ID3 或 C4.5 算法进行分类挖掘，这里选择基于相关性属性决策算法进行分类，生成决策树模型。

数据挖掘可按数据库类型、挖掘对象、挖掘任务、挖掘方法与技术等几个方面进行分类。按数据库类型分类数据挖掘主要是在关系数据库中挖掘知识。随着数据库类型的不断增加，逐步出现了不同数据库的数据挖掘，现在，除关系数据库挖掘外，还有模糊数据挖掘、历史数据挖掘、空间数据挖掘等多种不同数据库的数据挖掘类型。

由于学生信息表中的属性字段很多，在建立成绩是否优良决策树模型时，选择了其中与成绩属性相关性较大的课后上机时间、学习前对课程的了解程度、课堂学习情况、平时作业情况属性字段，以是否优良属性作为类别属性。建立成绩是否不及格决策树模型时，以是否不及格属性作为类别属性。由于"平时成绩"属性具有最高增益信息，所以它被选作测试属性。创建一个节点用"平时成绩"标记，并对每个属性值，引出一个分支，其他分支节点的划分也按此方法。

根据对学生情况数据库所建立决策树分析，可以初步证明人们一直抱有的一个观点是正确的，那就是学习成绩与社会活动、文体活动互相影响和制约。可以这样设想，一名学生如果能够合理地安排他的学习、社会活动、文体活动的话，是可以促进其学习成绩的。但如果仅重视锻炼社会活动能力而不重视学习时将影响到自身的学习成绩。同时也应看到各项活动安排合理的学生，他们的上进心、责任心也是相应较强的，也必然会重视自己的学习成绩，而学习成绩不好的学生往往是学习、活动等安排不够合理或者对学习以外的事情本来就缺乏上进心、责任感。

总之，如果把参加社会活动看作"德"的指标、把平均成绩和英语成绩看作"智"的指标，把参加文体活动看作"体"的指标的话，那就可以得出德、智、体全面发展是可以相互促进的结论。

（二）对决策树进行的修剪

在一个决策树刚刚建立起来的时候，由于数据中的噪声和孤立点，由于许多分支是由训练样本集合中的异常数据构造出来的，使得决策树过于"枝繁叶茂"，这样既降低了树的可理解性和可用性，也使决策树本身对历史数据的依赖性增大，也就是说，这棵决策树对比历史数据可能非常准确，一旦应用到新的数据时准确性却急剧下降，这种情况被称为训练过度。为了使得到的决策树所蕴含的规则具有普遍意义，必须对决策树进行修剪。树枝修剪的任务主要是删去一个或更多的树枝，并用叶替换这些树枝，使决策树简单化，以提高今后分类识别的速度和分类识别新数据的能力。通常采用两种方法进行树枝的修剪，现分述如下：

1. 事前修剪法

事前修剪法是通过提前停止分支生成过程，即通过在当前节点上就判断是否需要继续划分该节点所含训练样本集来实现。一旦停止分支，当前节点就成为一个叶节点。该叶节点中可能包含多个不同类别的训练样本。由于该修剪是在分支之前做出的，所以称之为事前修剪。常见的方法是设定决策树的最大高度（层数）来限制树的生长。还有一种方法是设定每个节点必须包含的最少记录数，当节点中记录的个数小于这个数值时就停止分割。但确定这样一个合理的阈值常常也比较困难，阈值过大会导致决策树过于简单化，而阈值过小时又会导致多余树枝无法修剪。

2. 事后修剪法

事后修剪法是从另一个角度解决训练过度的问题。它是在允许决策树得到最充分生长的基础上，再根据一定的规则，剪去决策树中的那些不具有一般代表性的叶节点或分支。修剪后，被修剪的分支节点就成为一个叶节点，并将其标记为它所包含样本中类别个数最多的类别。事后修剪是一个边修剪边检验的过程，一般规则是：在决策树不断剪枝的过程中，利用训练样本集或检验样本集数据，检验决策树对目标变量的预测精度，并计算出相应的错误率。用户可以事先指定一个最大的允许错误率。当剪枝达到某个深度时，如计算出的错误率高于允许的最大值，则应立即停止剪枝，否则可以继续剪枝。这是利用训练样本集进行后修剪时会出现错误率越低，决策树的复杂程度越高的现象。

当然事前修剪可以与事后修剪相结合，从而构成一个混合的修剪方法。事后修剪比事前修剪需要更多的计算时间，但得到的决策树更为可靠。

该实例采用事后修剪的方法，首先计算出一个充分生长的决策树的错误率，由用户指定一个最大的允许错误率。当剪枝达到某个深度时，计算出的错误率高于允许的最大值时，立即停止剪枝，否则可以继续剪枝。

六、高校数据挖掘结果分析与小结

数据挖掘阶段发现出来的模式，经过评估可能存在冗余或无关的模式，这时需要将其剔除；也有可能模式不满足用户要求，这时则需要回退到发现过程的前面阶段，如重新选取数据，采用新的数据变换方法，设定新的参数值，甚至换一种挖掘算法等。

数据挖掘仅仅是整个过程中的一个步骤。数据挖掘质量的好坏有两个影响要素：一是所采用的数据挖掘技术的有效性；二是用于挖掘的数据的质量和数量（数据量的大小）。如果选择了错误的数据或不适当的属性，或对数据进行了不适当的转换，则挖掘的结果是不会好的。整个挖掘过程是一个不断反馈的过程。比如，用户在挖掘途中发现选择的数据不太好，或是使用的挖掘技术产生不了期望的结果。这时，用户就需要重复先前的过程，甚至从头重新开始。

第五节　决策树技术在高校学生综合测评中的应用

一、决策树技术的研究背景及意义

素质教育是以全方位提高学生的思想品质、科学文化水平、身体素质、心理素质、技能素质和能力培养以及个性发展为主要内容的基础性教育，结合学生的自身素质结构，从整体上来提高人才培养质量。高校作为人才培养的发源地，坚持以素质教育为核心，培养高素质、创新性人才，是新时期下高等教育光荣而又艰巨的任务。

大学生的素质教育问题受到了全社会的普遍关注，各大院校对学生的综合素质的评估逐渐有了初步的探讨。大学生综合素质测评是指采用适合素质教育的科学方法，收集学生在校期间的学习、生活过程中的行为表现，结合素质教育的测评目标做出量值或价值的一个判断过程，或直接从学生的日常表现中引导与推断出大学生的素质特性的一个过程。综合素质测评是学生个体的综合测评，而不是个性化测评，主要目的是测评学生各项素质的差异。学生综合测评系统是当前高校用来测评学生综合素质的。当今世界各国经济、科技竞争归根到底是人才的竞争，培养高素质应用人才已是一项艰巨任务。因此，高等教育院校理当成为培养高素质应用型人才的重要场所。高素质应用人才要求在政治思想、科技文化、综合能力素质等各方面要有突出表现，特别是要求具有较高的应用实践能力。重视全面的素质教育已成为当代高等教育人才观的一个新的基调，各类高校都在不断探索促进学生全面发展的有效途径。

目前，大部分高校对学生的综合素质测评还只是通过传统的调查问卷、测评表等手段，程序复杂，耗时费力，并且不能保证测评结果的标准统一和科学、客观。随着学生人数的增加，测评工作量也变得更大，出现错误的概率也随之升高。有些高校对大学生综合素质测评及其系统建设的实施还处在起步阶段，在测评的内容形式、程序上还存在很大的差异，还存在很多不足，如有的高校是在德、智、体的模块下将考评项分成优秀、良好、一般、较差4个等级，并赋予它们等级分，然后再汇总为综合分；有的高校将考评条例内容作为测评实施的办法，参考日常行为表现对各项分数给以静态的判断；有的高校只在德、智、体方面做伸展性的局部条文陈列等。

（一）对综合素质测评工作存在的问题的总结

1.覆盖面不全

综合素质测评只是针对普通大学生和高职学生，对于成教与自考生并没有参与进来。综合素质测评的目的在于改善教育质量，提高大学生的综合素质，以培养社会需要的人才。当成教与自考生不参与测评，综合素质测评在对于激励大学生自我管理和自我教育方面就无法发挥真正作用，不利于他们积极学习和参与活动，会失去很多锻炼自身或者获得知识的机会。如果成教与自考生也参与综合素质测评，他们在心理上就会有一种竞争的动力，他们会积极完成学业，参加技能活动培养更多的兴趣，让自己在活动中得到锻炼。

2.测评标准不规范

在具体实施综合素质测评时，由于很多学生不了解综合素质测评的意义及基本方法，所以大多数学生就随意对待，而测评小组人员主观性太强，没有理性地看待每个学生的各项加分，有的一味胡乱加分，有的加分准则没有按照学校学生管理手册要求，导致了不公平现象产生，还有测评小组人员分类比较随意。

3.测评方法不灵活

现有的学生综合测评往往是在某个学年结束后，对学生的德、智、体等方面所取得的成绩实行静态的测评方法。这种测评方法具有很大的不方便性和被动性。这种方法显然不能适用于素质教育的要求。现有的学生综合测评往往比较注重评价结果，而忽视了评价的过程；注重总结性评价，而忽视阶段性评价。

应用数据挖掘的多维数据挖掘方法能够使测评结果形成可视化视图，每个学生的德、智、体等因素以小方格的方式出现在视图上，使学生的德、智、体表现都能在立方体中显示出来。通过这种方法所构建的"立体"的"基于数据挖掘的大学生综合素质测评系统"，能够大幅简化测评过程中大量的汇总、计算、统计等工作，而且按照规定的测评准则，确保测评的结果是客观公正的。这不仅有利于高校学生管理者掌握学生的当前和发展状况，并且可以根据某一时段的测评结果开展有针对性的教育管理工作，能够初步达到全面提高学生综合素质的目的。

4.测评表分值构成不合理

在整个测评表中所占比重最大的还是智育方面，占了约60%，可以在测评中增加一些实践分，素质教育是促进学生的全面发展而不是个性发展，这也说明了大学还是比较看重学生的学科成绩。相对而言，文体方面加分就显得单一了许多。这就打消了学生参与的积极性，所以在文体这部分需要制定更加详细的加分细则，以平衡整个综合素质测评，这样也能提高学生参与文娱的积极性。

（二）各高校对大学生综合素质评估的初步探讨

教育评估通常与国家的政治及教育制度密切相关。近年来，随着素质教育思想在教育界的深入传播，大学生素质教育问题受到教育界的普遍关注，各高校对大学生综合素质的评估已经有了初步的探讨。

1. 传统的大学生评估

在传统大学生综合素质评估中，即使对专业素质也只是通过单一的考试成绩来评估学生的素质，专业成绩成为评估学生综合素质高低的唯一指标。使学生只注重理论的学习，忽略了动手能力的培养。存在的问题：没有确立素质教育的观念，只注重学习成绩；没有科学的方法反映各门课程的关系；没有反映"德、智、体、美"各方面的内在联系；传统的评价方式导致学生陷入了"高分低能"的"陷阱"。

2. 现阶段的大学生评估

长期以来，高校对大学生综合素质评估，存在着只注重学习成绩而不注重综合能力的倾向。随着社会对人才观念的转变，高等学校不得不重视大学生综合素质，不得不重视综合素质的评估价。在评估过程中，不再将学生的学习成绩作为综合评估的唯一指标，而是越来越重视学生实践技能的提高和综合素质的培养，根据学校自身的培养目标，制定了相应的综合测评办法，旨在以全面考核为目标，采取定量与定性相结合、记实与评议相结合的方法，对学生的德、智、体素质进行客观评价，取得了一些较好的评估效果。在评估的全面性、科学性等方面都有较大进展，形成了相对稳定的评估体系，在评估指标、权重、评估效果及反馈方面取得了明显的进展。但大多数高校的"大学生综合评估"实施才刚刚开始，且在测评的内容、程序和方式方面又存在很多差异，有的是在德、智、体模块下把考评项分为优、良、中、差的等级，并赋予以等级分，然后汇总综合分；有的是以考评条例的形式作为评价实施办法，评价者和被评者参考行为表现对各项给以静态判断；有的只是在"德、智、体"的局部做伸展性的条文陈列等。其显著特点是将综合测评表现为德、智、体几部分，各占一定的分值比例；学习成绩中将各门学习成绩加权平均，反映不同课程的比例；品德表现由投票变为打分或对学生打分进行调整；将学生在校内的表现以加减的形式单独反映或反映在德、智、体各单项中。存在的问题：德、智、体各分项的权重关系由人为确定，缺乏科学的根据；学习成绩仅以考试、考查课为重，不能反映新的就业形势的需要；品德评定打分中随意性较大，无确定依据，仅凭个人印象；日常表现加分不规范，使得各项比例不能反映被评价者的真实行为。在最后的综合素质打分时，评估方法单一。在对信息处理方面，没有很好地利用综合利用评估信息，白白浪费资源。

二、决策树技术与高校学生综合素质测评模型

（一）关于权重系数的选择

权重赋予的方法有很多种，如主观赋权法、客观赋权法和主客观赋权相结合的方法等。对学生综合素质测评系统来说，德智体各项测评指标在综合测评体系中的重要程度是不一

样的，因此就需要给测评指标确定对应的权数。根据高校的实际执行情况，我们给出的德、智、体的权数分别为 0.3、0.6、0.1。同时，为了保证系统随着学校的发展，德智体权数可能调整的情况下仍可使用，我们决定由用户自己赋权，即采用主观赋权法。

（二）关于学生综合测评的数据仓库的构建

当我们在查看学生信息系统数据库中成千上万的记录时，学校各职能部门都知道这些信息非常有价值。而数据仓库作为一种高效的解决数据收集和使用的技术，正在越来越多地应用到传统的数据库技术领域，数据挖掘则在数据库和数据仓库的支持下进行高效率的知识挖掘工作。将学生的所有基本信息登记进行电脑整合，构建学生的数据仓库。在解决数据收集和使用方面，数据仓库是一种高效的技术，在数据库技术领域的应用也是越来越广泛。而数据挖掘则是在数据仓库以及数据库的支持下进行有效的信息和知识的挖掘工作。所有的学生基本信息登记情况通过计算机整合，用来构建一个关于学生的数据仓库，该数据仓库奠定了今后的数据挖掘工作的基础。

（三）关于数据挖掘物理结构

数据挖掘物理结构描述了用户应用程序是如何与数据挖掘模型相作用的，根据待挖掘数据源的大小情况和对这个数据挖掘模型发布的预测查询频率来选择使用何种结构。根据学生信息数据仓库的应用特点，可以使用三层体系结构。

在众多的数据仓库产品中，本系统选择的数据仓库支撑平台是 SQL Server2005。主要考虑到以下两个原因：

一是主要是考虑到学生信息数据仓库要能够被不断地更新和利用。在这点上，SQL Server2005 完全能做到，它在接受和输出各种形式的数据方面都非常方便。

二是 SQL Server2005 的 Analysis Services 的简易使用性能和灵活对象编程接口。

（四）关于数据仓库的设计

数据挖掘的物理结构，描述了客户应用程序是如何与数据挖掘模型相互作用的，结构的选择是根据待挖掘数据源的大小以及对该数据挖掘模型发布的预测查询频率来选择的。根据"学生信息数据仓库"的应用特点，我们拟使用由两层体系结构向三层体系结构过渡的方案。在数据仓库开始服务时，先选用两层体系结构，因为两层体系结构的物理结构不太复杂，能够在合理高效的服务器上挖掘数百万的记录。数据挖掘是在数据库和数据仓库的支持下进行高效率的信息和知识挖掘工作的。构建学生信息的数据仓库，这个数据仓库的建立过程中需要非常注意的就是数据的可靠性。一个模型的好与坏在很大程度上取决于数据质量的高与低，只有经过一系列统计分析并能反映真实情况的数据才能被追加到数据仓库之中。选用雪花模式设计数据仓库的结构。基本维度表是由汇总整理后的"综合测评事实表、学生基本情况表、测试内容维表、设置维度、成绩维度"5 个表组成的。在数据立方体建立之后，可以很方便地通过这几个维度表，在学生基本情况（学号、姓名、性别、籍贯等）、测试内容（德育、智育、体育）和设置（课程设置、加权系数设置）各个维度上进行数据切片操作。

（五）关于数据仓库的建立

因为 SQL Server2005 的 Analysis Services 是一个有效的管理立方体的服务器，所以，能够非常容易地利用 Analysis Services 来建立数据仓库的维度和立方体，只要按照 Analysis Services 中的相关向导来进行一步步的操作即可。

接下来考虑测评系统的软件体系结构设计。任何软件都有体系结构，没有体系结构的软件是不存在的。体系结构在英文中是 Architecture，就是"建筑"的意思。如果把软件比作一幢楼房，那它的组成部分就包括基础、主体和装饰，对应着操作系统，就相当于是基础设施软件、方便使用的用户界面程序以及实现计算逻辑的主体应用程序。从细节部分来看，每一个程序也都是有结构的。对于系统设计来说，软件体系结构设计是一个关键步骤，软件体系结构主要是定义和说明子系统及各子系统之间的相互依赖和通信机制。软件体系结构的合理性则直接决定着系统的扩展性、可维护性和开发效率等，也关系着需求分析是否能得到完美实现。

1. 软件体系结构选择

目前，使用得比较多的应用软件体系结构有 3 种：Web 浏览器 / 服务器模式（Browser/Server，即 B/S）、客户机 / 服务器模式（Client/Server，即 C/S）和丰富型互联网应用程序模式（Rich Internet Applications，即 RIA）。这 3 种结构各有利弊，根据需要，本系统最终选择采用 3 层 B/S 模式，从而使得信息资源的共享以及操作、升级和维护等更为便捷，数据的安全性也在一定程度上得到了保证。

2. 结构介绍

B/S 结构是随着互联网技术的飞速发展，对 C/S 结构的一种改进的结构。在 B/S 模式下，通过 Web 浏览器来实现用户的工作界面，用户的浏览器里面实现一部分较小的事务逻辑，服务器上实现另外一部分较大的、比较主要的事务逻辑，形成了这 3 层结构。通过这种方式，大大地简化了客户端的计算机的载荷，同时大大减轻了计算机系统的升级与维护的工作量，降低了使用成本。在内部局域网中构建基于 B/S 结构的网络程序，通过 Internet 来访问数据库，以现有的 IT 技术来看，很容易把握，而且构建成本也不高。此外，由于 B/S 结构往往是一个一气呵成的开发，可以实现不同的人员在不同的地点以他们各自的接入方式（如 WAN、LAN 和 Internet/Intranet）来操作或访问同一数据库，数据库的安全性较高，而且它能够较为有效地保护数据平台和访问权限。

在 B/S 结构下，有 3 层体系，即表示层、功能层和数据层。它们被分割为 3 个相对比较独立的应用单元，下面做一个简单介绍。

第 1 层是表示层：Web 浏览器位于客户端，通过 Web 浏览器来实现用户的工作界面，它在表示层中实现系统的显示逻辑。表示层的主要工作过程是，通过客户端的 Browser 发送服务请求至互联网或局域网上的某一个 WWW 服务器，在对用户的身份进行相关的验证以后，Web 服务器通过 HTTP 协议把用户需要的 web 页面传输到客户端 Browser，客户端 Browser 接受传输过来的 Web 页面，最后再把这个传输过来的 Web 页面显示到客户端的浏览器上。

第 2 层是功能层：功能层是指具有应用程序扩展功能的 Web 服务器，在功能层面包含着系统的事务处理逻辑，它们位于 Web 服务器端。这些事务处理逻辑的主要功能是接受用户浏览器发送的请求，它们首先执行的是使相应的扩展应用程序与数据库之间建立起连接，然后再以 SQL 语言等方式提出数据处理的请求至服务器，等待数据库服务器提交数据处理结果给相应的 Web 服务器，最后将处理结果通过 Web 服务器传送至客户端的 Browser。

第 3 层是数据层：在数据层里面，数据库服务器包括了系统的数据处理逻辑，它们位于数据库服务器端。接受 Web 服务器对数据库进行操作的要求是这些数据处理逻辑的主要任务，进而满足它们实现对数据库进行更新、查询、修改等功能然后把运行结果提交给 Web 服务器。

事实上，3 层的 B/S 体系结构就是把事务处理逻辑模块从 2 层的 C/S 体系结构中客户机的任务中分离出来，通过单独的层来执行这些事务处理逻辑，这样就大大降低了客户端的负担。通过这种方法，负荷被均衡地分配到了 Web 服务器端，于是由原来两层的 C/S 体系结构转变成了 3 层的 B/S 体系结构。

综上所述，系统的设计与开发思路主要是采用多维数据模型。多维数据模型把数据看成数据立方体模式，数据库模式采取的则是雪花模式。经过预处理后的数据能够使之后进行的联机分析挖掘更为方便。测评系统可以按照学号、学年、学期、综合几方面立体进行查询，可将系统按照独立的三个方面——德育部分、智育部分和体育部分进行测评。其中德育部分根据学生的思想品德表现，结合以往的经验，采取学生自评、互评、评议小组和辅导员测评等方法相结合；智育部分按学生的学业成绩得分，赋予一定的权重进行测评；体育部分根据学生的体育成绩和课外体育活动如运动会等的综合表现进行测评。

从系统处理流程图中，可以看到，将多维数据模型应用到学生综合测评系统中，可以为管理者提供多方面的内容，这使得管理者能够更好地针对学生的德育、智育、体育等各项成绩进行测评。这样的测评系统，不仅是对某一个学生进行测评，而是形成了一个涵盖所有学生的完整的体系。

三、决策树分类在学生综合测评中的应用

一般院校目前采用的推优选优制度，是对每个学生进行德育、智育、体育三方面的综合测评，并将综合测评结果作为学生在校表现的重要依据归入学生档案。综合测评 M 的计算公式为：$M=0.3M1+0.6M2+0.1M3$，其中 M 为综合测评总分，M1、M2、M3 分别为

德育成绩、智育成绩和体育成绩，从公式也可以看出对学生的要求可以概括为"以学习为主导，德智体全面发展"。

第一，德育成绩 M1。M1= 德育基础分 + 德育行为加减分。德育成绩是最难量化的部分，德育基础分包括政治素养、法纪观念、学习态度、品德修养、劳动实践以及荣誉奖励加分、德育比赛加分、文明寝室建设加减分、干部任职加分、违纪行为减分等奖惩得分，大致能反映一个大学生的思想品德素质。德育行为加减分采取学生自评与辅导员测评相结合的程序。

第二，智育成绩 M2。M2= 学业平均成绩 + 智育加减分。学习平均成绩 ={∑（每门课程成绩 * 学分）} 总学分，课程指该学年所学课程（不含体育课），补考成绩一般按照 60 分来计算，若补考不及格课程则按实际得分计算；若考试作弊，则该课程按零分计算，同时德育分也根据规定进行减分操作。智育加分项主要有英语四、六级通过情况、计算机二级优秀取得专业技能证书、科研加分等；减分项主要包括课程不及格减分、学业警告减分等。

第三，体育成绩 M3。M3= 体育课成绩 + 体育附加分。关于体育课成绩的描述为：大一、大二是体育课程所得分数；大三、大四则根据体质测试成绩；若体能免试则按 65 分计分。体育附加分是指参加体育竞赛获奖的加分，根据规定按照获奖的级别附加相应的分数，并区分个人项目和团体项目。

（一）决策树分类之数据挖掘物理结构和数据仓库设计

数据仓库的设计结构我们这次选用了星型模式。主题事实表是汇总整理后的"测评事实表"，以及"学生情况、时间、性别"三个维度表。通过三个维度表，我们可以在建立数据立方体之后，方便地在时间（总时间、学年、学期）、学生基本情况（学号、姓名、性别）等各个维度上对综合测试内容（包括德育、学业水平、课外实践、综合）进行分析和选择，能够更方便地进行各种联机分析处理操作。

（二）决策树分类之数据仓库的建立和使用

SQL.Server 2005 的 Analysis Services 是管理立方体的一个服务器，通过 Analysis Services 来构建已设计好的数据仓库的维度以及立方体是比较容易的。只要在 SQL Server 的 Analysis Manager 控制台窗口中注册服务器，然后注册成功后，就可以在其中新建数据库，最后连接数据源。在 SQL Server2005 的 Analysis Services 的支持下，通过数据仓库就能比较便捷地展开各种数据挖掘操作。在通常情况下，选择决策树、聚类或第三方的算法。使用者可以根据实际情况自己调整数据挖掘的模型参数，促使数据中各种潜在的知识、信息或关系可视化，而且使异常的数据能够更容易被发现。

（三）决策树分类之构建多维立方体

构建了数据仓库，我们把进行综合测评的有效数据进行提取，并利用 MOLAP 服务器建立多维数据模型。在学生综合测评可视的多维立方体上进行 OLAP 操作，通过对立方体的上卷、下钻、切片和切块，可以看到任何学生或任何班级在任意时间段的某一项或综合测评结果。对于学生管理者，可以通过多维数据立方体的显示了解每个学生或班级每学期和一段时间内各方面素质的发展状况，对学生的管理、教育和引导起到了有效的辅助决策作用；对于用人单位，也可以了解到所选人才在校期间的各方面的表现情况，根据单位性质的不同，选择不同类型的毕业生，使人才的选拔更加客观和准确。在前面建立的数据仓库的基础上，通过 SQL server2005 的 Analysis Service 建立三维学生综合测评立方体，生成数据立方体，但 Analysis Service 中只能生成多维数据集，并不能直观地看到可视化的数据立方体。为了使学生综合测评更加直观和高效，以便于学生管理者和用人单位分析学生各方面素质情况，我们采用了数据挖掘系统 DOMine 软件实现了数据立方体的可视化操作。DOMine 是一个联机分析挖掘（OLAM）系统，用于在大型关系数据库和数据仓库中交互地挖掘多层次的知识。它正是在 Analysis Service 建立数据仓库和多维数据集的基础上，实现了可视化的 OLAM，在三维立方体中我们可以方便地进行 OLAP 操作。对多维数据集进行 OLAP 操作过程以下。

在"数据区"中的维度上，双击已经展开的维度就能够把这个维度进行收拢，同时把在这个维度的某一层次上求和的内容给显示出来，这就是上卷操作。相反的，在"数据区"中的维度上，双击已收拢的维度，就可以展开这个维度，同时把更加细小的内容给显示出来，这就是下钻操作。此外，为了使显示的结果更加简单，还可以进行切片操作和切块操作。SQL Server2005 的 Analysis Services 有聚集挖掘模型和决策树模型两种数据挖掘模型。选用的数据挖掘模型是决策树模型。聚集挖掘算法是一种期望算法。决策树模型则是以树形结构来表示的分类形式，对数据进行分类的某一个问题用树的节点表示。

1. 学生综合测评分类规则和决策树

利用决策树的分类理论，根据实际情况，可以建立学生综合素质测评的决策树，并以此来实现综合测评的定性分析。在此之前，必须要构建分类规则。

综合素质分为 1 ~ 4 共 4 个等级，即较差、一般、良好、优秀；德育水平分为 1 ~ 3 共 3 个等级，即差（排名后 20%）、一般（排名 40% 至 80%）、好（排名前 40%）；智育水平分为 1 ~ 5 级 5 个等级，即差（排名后 20%）、较差（排名 60% 至 80%）、一般（排名 40% 至 60%）、良好（排名 20% 至 40%）、优秀（排名前 20%）；体育水平分为 1 ~ 2 两个等级，即不及格和及格。综合素质测评的等级按照德、智、体的优先顺序来进行分级。

2. 建立和分析决策树分类模型

根据决策树分类规则来建立数据训练集，录入某一个班级的某一个学年每个学生综合素质测评所需要的数据，然后在 Analysis Services 的挖掘模型中选择决策树分类的模型来进行数据训练，最后生成决策树。可以通过决策树叶子颜色的深浅来表示事件发生的概率。

第五章　关联规则在高校校务中的应用

数据挖掘技术是一门综合性多学科的技术，被认为是数据库和人工智能领域中研究、开发和应用最活跃的分支之一，而关联规则挖掘又是数据挖掘领域中的一个极其重要的内容。本章主要对关联规则的算法以及关联规则在学生成绩分析、高校贫困生认定、高校科研评价和学生心理问题中的应用进行了系统的阐述。

第一节　关联规则算法概述

一、关联规则的概念

关联规则是数据挖掘的知识模式中比较重要的一种。关联规则模式属于描述型模式，挖掘关联规则的算法属于无监督学习范畴。关联规则的概念由安格沃尔（Agrawal）、艾米尔林斯基（R.Imielinski）、斯瓦米（Swami）提出，是隐含于数据中的一种简单而实用的知识模式，是对一个事物和其他事物的相互关联的一种描述。针对数据而言是发现数据中项集之间潜在的关联或依赖联系。最初产生于零售业中，在传统的零售商店中顾客通常是到一个柜台买完东西后再到另一个柜台去买另一样东西，这样一来，商场经理虽然知道每一种商品的销售情况，但并不知道是哪些顾客购买的，也不知道这个顾客同时还买了哪些东西。随着超级市场的出现，顾客可以在超市一次购得所有自己需要的商品，而条形码技术的广泛应用，使商家非常容易收集和存储数量巨大的销售数据。一条这样的数据记录通常都包括与某个顾客相关的交易日期、交易中所购物品等。通过对以往的大量交易数据进行分析就能获得有关顾客购买模式的有用信息，从而提高商业决策的质量。

在交易数据项目之间挖掘关联规则的典型例子就是"90%的顾客在购买面包和黄油的同时也会购买牛奶"，其直观的意义是，顾客在购买某些东西的时候有很大的倾向也会购买另外一些东西，找出所有类似这样的规则，对于确定市场策略是很有价值的。关联规则的其他应用还包括附加邮递、目录设计、追加销售、仓储规划以及基于购买模式对顾客进行划分等。现在关联规则已广泛地应用于其他领域，比如，医学研究人员从已有的成千上万份病历中找出患某种疾病的病人的共同特征，从而为治愈这种疾病提供一些帮助。警方通过对各种线索加以分析，找出其中之关联，聚焦罪犯的主要特点，快速有效地进行侦破等。这些应用中的数据库都是极其庞大的，因此，不仅需要设计高效的算法来挖掘关联规则，而且如何维护和更新这些规则，如何确认这些规则是否有价值，如何在挖掘过程中加入需求，如何快速有效地挖掘出有用的信息，如何将挖掘出的信息以更好、更容易理解的形式进行展现等是关联规则挖掘必须得以解决的问题。

二、关联规则的形式化描述

设 $I=\{i_1, i_2, \cdots, i_m\}$ 是 m 个项的集合，D 是一组事务集（称之为事物数据库）。D 中的每个事务 T 是项的集合，显然满足 $T \subseteq I$，T 有一个唯一的标识 TID。关联规则形如 $X \Rightarrow Y$，其中 $X \subset I$，$Y \subset I$，并且 $X \cap Y = \Phi$。规则 $X \Rightarrow Y$ 在事务集 D 中的支持度（Support）是事务集中包含 $X \cup Y$ 的事务数与所有数之比，记为 $Support(X \cup Y)$，即 $Support(X \Rightarrow Y) = |\{T: X \cup Y \subseteq T, T \in D\}|/|D|$。规则 $X \Rightarrow Y$ 在事务集中的可信度（Confidence）是指包含 X 和 Y 的事务数与包含 X 的事务数之比，记为 $Confidence(X \Rightarrow Y)$，即 $Confidence(X \Rightarrow Y) = |\{T: X \cup Y \subseteq T, T \in D\}|/|T: X \subseteq T, T \in D\}|$，给定一个事务集 D，挖掘关联规则问题就是产生支持度和可信度分别大于用户给定的最小支持度（Minsupp）和最小可信度（Minconf）的关联规则。

支持度反映了在所有商品交易中，同时购买了几种产品的交易数量，可信度反映了该规则的可靠程度。例如，在 1000 次产品交易记录中，有 300 个记录显示用户购买过 A 产品，其中 150 个记录显示用户在购买产品 A 的同时购买了产品 D 则关联规则（A→D）的支持度为 150/1000=15%，即所有交易中同时购买 A 和 D 的交易所占的比例，关联规则（A→D）的可信度为 150/300=50%，即同时购买了产品 A 和 D 的交易数在所有购买了产品 A 中的比例。

经典的关联规则挖掘算法包括 Apriori 算法和 FP-growth 算法。其中 Apriori 算法是一种经典的生成布尔型关联规则的频繁项集挖掘算法。算法名字源于使用了频繁项集的性质这一先验知识。Apriori 算法要求多次扫描数据库，而 FP-growth 算法是经过一次扫描后，利用一棵频繁树表示频繁集，从而产生条件模式库，再生成规则。FP-growth 算法在效率上比 Apriori 算法则有所提高。

三、关联规则的分类

（一）根据规则中所处理的值类型进行分类

关联规则可分为布尔型和多值型

1. 布尔型关联规则

如果规则考虑的关联是项的存在与否，那么它就是布尔型关联规则，其表现离散（分类）对象之间的联系。例如，买牛奶的人大多数也趋向于同时购买面包和奶酪，即 milk ⇒（bread, cheese）。

2. 多值型关联规则

如果规则描述的是量化的项或属性之间的关联，那么它就是多值型关联规则，其涉及动态离散化的数值属性。在这种规则中，项或属性的量化值划分为区间。

（二）根据规则中涉及的数据维度进行分类

关联规则可分为单维关联规则和多维关联规则

1. 单维关联规则

如果关联规则中的项或属性只涉及单个谓词或维，则它是单维关联规则，其体现的是维内联系。

2. 多维关联规则

如果关联规则中涉及两个或多个（不同的）谓词或维，则它是多维关联规则，其体现的是维间关系。

四、Apriori 算法简介及实例说明

（一）使用候选项集找出频繁项集

通过给定的支持度，寻找所有频繁项目集，即满足 Support 不小于 Minsupport 的所有项目子集。

Apriori 使用一种称作逐层搜索的迭代方法，k- 项集用于探索（k+1）- 项集。首先，找出频繁 1- 项集的集合，该集合记作 L1，L1 用于找出频繁 2- 项集的集合 L2，而 L2 用于找出频繁 3- 项集的集合 L3，如此下去，直到不能找到频繁 k- 项集。找出每个 Lk 后需要一次数据库扫描。

Ck 是 Lk 的超集，即它的成员可以是也可以不是频繁的，但所有的频繁 k- 项集都包含在 Ck 中。扫描数据库，确定 Ck 中每个候选的计数，从而确定 Lk（根据定义，计数值不小于最小支持度计数的所有候选是频繁的，从而属于 Lk）。然而，Ck 可能很大，这样所涉及的计算量就很大。为压缩 Ck，可以使用一下 Apriori 性质，即任何非频繁的（k-1）- 项集都不可能是频繁 k- 项集的子集。因此，如果一个候选 k- 项集的（k-1）- 子集不在 Lk-1 中，则该候选也不可能是频繁的，从而可以从 Ck 中删除。

Apriori 具体算法描述以下。

算法一：Apriori 使用根据候选生成的逐层迭代找出频繁项集。

输入：数据库 D 和最小支持度阈值 min-sup。

输出：数据库 D 中的频繁项集 L。

方法：

L_1={large 1-itemsets}；// 所有支持度不小于 minsupport 的 1- 项目集

FOR（k=2；$L_{k-1} \neq \Phi$；k++）DO BEGIN

C_k=apriori-gen（L_{k-1}）；//Ck 是 k 个元素的候选集

FOR all transactions t ∈ D DO BEGIN

C_t=subset（C_k，t）；//Ct 是所有 t 包含的候选集元素

FOR all candidates c ∈ C_t DO

C.count++

END

L_k={c ∈ C_1c.count≥ minsup_count

END

L= ∪ L_k；

算法一中调用了 apriori-gen（L_{k-1}），是为了通过（k-1）- 频繁项目集产生 k- 候选集，其中 apriori-gen（L_{k-1}）在剪枝部分，使用 Apriori 性质删除了具有非频繁子集的候选集。

算法二：apriori-gen（L_{k-1}）（候选集产生）。

输入：（k-1）频繁项目集 L-1。

输出：k- 候选项目集 Ck。

FOR all itemset p ∈ L_{k-1} DO

FOR all itemset q ∈ L_{k-1} DO

IF $p.item_1$=q.item1，$p.item_2$=$q.item_2$，…，$P.item_{k-2}$=$q.item_{k-2}$，$p.item_{k-1}$<$q.item_{k-1}$，THEN BEGIN

c=q ∞ p；// 把 q 的第 k-1 个元素连接到 p 后

IF has_infrequent_subset（c，Lk-1）THEN

delete c；// 删除含有非频繁项目子集的候选元素

ELSE add c to C_k

END

Return C_k；

算法二中调用了 has_infrequent subset（c，Lk-1），是为了判断 c 是否需要加入 k- 候选集中。按 Agrawal 的项目集的空间理论，含有非频繁项目子集的元素是不可能是频繁项目集，因此应该及时裁减掉那些含有非频繁项目子集的项目集，以提高效率。

算法三：has_infrequent subset（c，L_{k-1}： ）（判断候选集的元素）。

输入：一个 k- 候选项目集 c，（k-1）- 频繁项目集 L_{k-1}。

输出：c 是否是从候选集中删除的布尔判断

FOR all（k-1）-subset s of c Do

IF s ∉ L_{k-1} THEN

Return TRUE；

Return FALSE。

（二）由频繁项集产生关联规则

通过给定的最小可信度，在每个最大频繁项目集中，寻找 Confidence 不小于 Minconfidence 的关联规则，一旦由数据库中的事务找出频繁项集，由它们产生强关联规则是直截了当的（强关联规则指满足最小支持度和最小可信度的规则）。对于置信度，可以用以下公式表示，其中条件概率用项集支持度计数表示。

$$Conifdence(A \Rightarrow B) = P(B \mid A) = \frac{support\_count(A \cup B)}{support\_count(A)}$$

其中 support_count（A ∪ B）是包含项集 A ∪ B 的事务数，support_count（A）是包含项集 A 的事务数，关联规则可以产生以下结论：

①对于每个频繁项集 I，产生 I 的所有非空子集。

②对于 I 的每个非空子集 s，如果 $\frac{support\_count(I)}{support\_count(S)} \geq min\_conf$，则输出规则 "s ⇒（I-s）"，其中，min_conf 是最小置信度阈值。

从给定的频繁项目集中生成强关联规则的算法以下：

输入：频繁项目集；最小信任度 minconf。

输出：强关联规则。

Rule-generate（L，minconf）

FOR each frequent itemset I_k in L

Genrules（I_k，I_k）；

其核心是 genrules 递归过程，它实现了一个频繁项目集中所有强关联规则的生成。

递归测试一个频繁项目集中的关联规则。

Genrules（Ik：frequent k-itemset，xm：frequent m-itemset）

x={（m-1）itemsets x_{m-1} | x_{m-1} in x_m）；

FOR each x_{m-1} in X BEGIN

Conf =support（l_k）/support（x_{m-1}）；

IF（conf > =minconf）THEN BEGIN

Print the rule "x_{m-1} ⇒（l_k-x_{m-1}），with support=support（l_k），confidence=conf"

IF（m-1>1）THEN//generate rules with subsets of xm-1 as antecedent

Genrules（I_k，x_{m-1}）；

End

End

（三）由频繁项集产生关联规则

设最小置信度为 60%，可得到以下关联规则

$$e \Rightarrow b, \text{confidence} = \frac{3}{4} = 75\%$$

$$e \Rightarrow c, \text{confidence} = \frac{3}{4} = 75\%$$

$$d \Rightarrow b, \text{confidence} = \frac{4}{6} = 66.7\%$$

$$d \Rightarrow c, \text{confidence} = \frac{5}{6} = 83.3\%$$

$$c \Rightarrow d, \text{confidence} = \frac{5}{8} = 62.5\%$$

$$b \Rightarrow c, \text{confidence} = \frac{5}{7} = 71.4\%$$

$$c \Rightarrow b, \text{confidence} = \frac{5}{8} = 62.5\%$$

$$b \wedge d \Rightarrow c, \text{confidence} = \frac{3}{4} = 75\%$$

$$d \wedge c \Rightarrow b, \text{confidence} = \frac{3}{5} = 60\%$$

$$b \wedge c \Rightarrow d, \text{confidence} = \frac{3}{5} = 60\%$$

五、关联规则的应用

尽管关联规则挖掘始源于商业上对市场购物篮数据进行分析的问题，但是它的应用却不止于此。概括起来，关联规则的应用领域包括商业与金融、人口普查数据分析、工程技术数据分析、医疗保健、财政、宏观决策支持、电子商务、网站设计、通信和互联网等。以下是其几个典型的应用领域：

（一）市场菜篮子分析

理解用户的购买习惯和喜好对于零售商做出相应的销售决策是十分重要的，这些决策包括销售哪些商品、如何设计商品的式样、如何设计目录及怎样陈列商品以达到促销的目的等，关联规则挖掘可以向用户提供上述信息。一个零售环境中的典型应用，便是市场菜篮子分析或称购物篮分析。由于条码技术的广泛应用，客户的购买信息可以完全自动化地以电子数据的形式记录在客户的数据库中，通过分析数据项目间的关系（这里的项目指的是顾客所购买的商品），可以利用所发现的关联规则指导商家的销售行为或广告行为等。例如，后项中包含"电视机"的规则将帮助用户决定怎样做才能促进电视机的销售。另外一个例子是：B 商品经常和 A 商品一起被用户所购买，即存在规则 A ⇒ B，由于 B 的价格远远小于 A，因此为了促销 A，可以将 B 作为与 A 一起销售的免费商品，进行捆绑销售。

（二）交叉销售

在目前激烈的商业竞争中，留住现有的顾客，充分利用这些现有的顾客资源甚至比吸引更多的新顾客更为重要。许多公司提供了不止一项的服务或产品，公司可以通过对现有的客户数据进行分析从而达到促销的目的。如向这些客户推销他们目前尚没有购买的商品（或服务），被认为是一种快速获取收益的好方法。交叉销售就是用于描述这类问题的一个专有词汇，它是指向公司的现有客户销售这些顾客尚未购买的商品（或服务）的销售行为。由于在大型的公司或组织里，其客户的数据库往往是非常庞大的，人工浏览这些数据库并加以分析显得十分困难。因此，自动化的关联规则挖掘技术便成为获取有用信息的强大工具。

（三）金融服务

目前，关联规则挖掘在金融服务行业中的应用也正在不断的推广和深入。安全分析人员利用它分析大量的金融数据，进而找到与开发投资策略有关的交易与风险模型：信用卡公司可以通过对客户数据的挖掘，找出信用模式；股票公司利用关联规则挖掘分析股票价格走势。国外的一些金融企业已经开始运用这些技术指导管理和决策。信用卡公司、保险公司、股票交易所、银行机构对防止金融诈骗和金融犯罪有极高的兴趣和热情，通过对这些公司数据的挖掘，可以使它们能够识别潜在的风险，进而控制可能发生的损失。当然，关联规则挖掘技术还可以应用于股票选择、信誉评估、风险投资等方面。

（四）通信、互联网、电子商务

关联规则挖掘除了在上述领域中应用之外，还对通信、互联网及电子商务领域的发展具有重要的作用。典型的例子是，在通信领域中用于诊断入侵模式，通过采集路由器中存留的有关信息，判断网络黑客对系统的攻击行为和习惯，以提高通信的安全性。利用关联规则挖掘技术对互联网上的丰富数据资源进行挖掘，是目前该领域中的一个热点问题。如利用 web 内容挖掘的结果增强搜索引擎的性能；Web 结构挖掘的结果可以帮助网站的经营者重新设计网站的结构；Web 使用挖掘规则可以理解用户的浏览模式及需求，以便在网站中提供个性化的功能，以满足不同用户的需求。由于互联网与电子商务技术的紧密结合，关联规则挖掘对于电子商务的促进作用是不言而喻的。

（五）医疗保健行业

关联规则另一个十分重要的应用领域是医疗行业，它能够帮助诊断测试、药物治疗、手术过程中效率的预测、服务管理和过程控制等。例如，在疾病症状的研究过程中，人们也许会发现，某些症状的出现定会伴随其他一些症状的出现，通过对这种现象的深入研究，将会有助于疾病的诊断。

第二节　数据挖掘在学生成绩分析中的应用

一、应用背景

现代的学校教育中，学生的学习成绩是评价学生学习效果的重要标准之一，学习成绩的好坏对学生起着至关重要的作用。而影响学生成绩的因素是多方面的。以往的教育教学模式中对学生成绩的分析统计只不过是计算均值、期望及方差等，而这样简单的分析并不能很有效地找出影响学生成绩的各个因素之间的关联。数据挖掘关联规则技术的兴起及应用给我们提供了一个很好的研究影响学生成绩的关联因素的方法和依据。

影响学生学习成绩的因素很多，但传统分析无非是统计均值、方差、信度、效度和区别显著性检验等，还是基于教学本身。事实上，还有一些教学中不易察觉的因素和教学以外的因素正影响着学生的学习成绩，利用数据挖掘技术，则可以找到这些潜在影响学生学习成绩的因素，从而帮助学校相关部门更合理地制定决策。将关联规则应用于学生成绩数据分析中可以找出某些因素与学生成绩的关联影响，从而进行改善并将此应用于教学实践中，可以提高教学效率。

二、强关联规则的定义

数据挖掘利用了数据库、人工智能以及数理统计等多方面的技术，是一种深层次的数据分析方法，其中关联规则（Association rules）的挖掘是一个重要的方面。

强关联规则的定义中用到了两个基本概念，即最小支持度和最小可信度。

（一）最小支持度

表示规则中的所有项在事物中出现的频度。交易数据库中交易所有项目的集合称为项集，记为 I。交易的全体构成了交易数据库，记为 D，交易集 D 中包含交易的个数记为 |D|。关联规则可以表示为个蕴涵式，如 R：$A \Rightarrow B$，其中的 A，B 都属于项集 I，且 A，B 没有交集。规则 R 的支持度（support）是交易集中同时包含 A 和 B 的交易数 count（$A \cup B$）与所有交易数 |D| 之比，记为 support（$A \Rightarrow B$），表达式为：

$$support（A \Rightarrow B）=count（A \cup B）/|D|$$

支持度反映了 A 和 B 中所含的项在交易集中同时出现的频率。关联规则的最小支持度也就是衡量频繁集的最小支持度，记为 supmin，它用于衡量规则需要满足的最低重要性。（频繁集：支持度大于或等于 supmin 的项集称为频繁项集，可以简称为频繁集。如果 k-

项集满足 supmin，称为 k- 频繁集，记为 Lk。）

（二）最小可信度

表示规则中左边的项（集）的出现暗示着右边的项（集）出现的频度。

对于关联规则 R：A ⇒ B，其中 A，B 都属于项集 I，且 A，B 没有交集。规则 R 的可信度（confidence）是指包含 A 和 B 的交易数与包含 A 的交易数之比，记为 confidence（A ⇒ B），表达式为：

confidence（A ⇒ B）=support（A ⇒ B）/support（A）

可信度反映了交易中如果包含 A，则交易中同时出现 B 的概率。规则的最小可信度也是衡量频繁集的最小可信度（minimun confidence），记为 confmin，它表示关联规则需要满足的最低可靠性。

如果一个规则 A≥B 满足 support（A ⇒ B）≥supmin 并且 confidence（A ⇒ B）≥contain，则称关联规则 A ⇒ B 为强关联规则，否则称 A≥B 为弱关联规则。在数据挖掘中，挖掘出的关联规则要经过 supmin 和 contain 的衡量，筛选出来的强关联规则才可以用于决策。

第三节　关联规则在高校贫困生认定中的应用

一、高校贫困生资助的现状

1993 年国家教委、财政部下发的《关于对高等学校生活特别困难的学生进行资助的通知》（教财〔1993〕51 号文件）的精神对高校贫困生做了界定："高校贫困生是指在国家招收的普通高等学校学生中，由于家庭经济困难，无力支付教育费用或支付教育费用很困难的学生。"

2007 年，中华人民共和国教育部、财政部联合下发的《关于认真做好高等学校家庭经济困难学生界定工作的指导意见》（教财〔2007〕8 号）进一步对家庭经济困难学生进行了定性描述，即认为是指学生本人及其家庭所能筹集到的资金，难以支付其在校学习期间学习和生活基本费用的学生。按贫困程度，对贫困生认定一般分为特别困难、困难和一般困难三类。

2001 年，全国学生资助管理中心着手建立全国高校贫困生资助工作信息管理平台，实现了从中央到省级以至于高校的三级学生资助工作及贷款学生信息的一体化管理。我国大部分高校已经建立了贫困生资助工作网站，从学生的入学登记信息到具体实施资助已逐渐实现了数字化管理，许多高校纷纷开展数字档案或档案数字化为核心的信息化建设。目前，大多数高校建立了 OLTP 联机事务处理及奥兰系统，从最原始的人工管理贫困生资助工作到目前的办公系统自动化，信息技术特别是大数据的发展为高校贫困生资助工作提供了科学化方法。这些现代化办公系统为高校贫困生资助工作积累了大量操作性业务数据，大大提高了高校贫困生资助工作的效率。

然而，随着大数据的发展，高校贫困生工作仍存在着一定的问题。传统的数据管理和分析系统是基于关系型数据库管理系统（RDBMS）的，这些系统在处理传统的结构化数据时性能突出，但是对当下如视频、音像等半结构化或无结构化数据的处理存在障碍。一方面，一些学校的贫困生资助管理仍然停留在纸质阶段、人工输入阶段，大量的贫困生信息需要资助工作人员频繁的输入、统计、导出等，未能从传统工作方法中解脱，部分管理平台缺乏智能化设计，很难实现数据的二次利用，无法跟上大数据时代的发展要求。在统计学生一些有价值的视频、数据等半结构化信息时常常无能为力或需要耗费大量人力、物力，贫困生数据从收集到识别再到实施资助并评价需要一个较长的周期，时效性差。另一方面，高校对于贫困生的数据采集常常是阶段性的，集中于入学时的学生个人信息统计以及贫困生申请周期阶段，时效性较差，无法适应当下对贫困生资助工作高效率和实施更新的要求。在数据采集来源及应用上，大数据实时采集、面向所有个体，具有高度全面性和完整性而传统数据则更倾向于诠释宏观、大体的学生管理状况，对于贫困生的数据多数来源于阶段性数据，数据的细化程度较低。由于学生总体人数众多，贫困生资助工作人员很难兼顾到每位贫困生，特别是对贫困生的认定及心理问题的管理，容易产生遗漏和疏忽，贫困生数据颗粒度较大，使得贫困生资助工作针对性较差。

大数据概念还很新，很多高校贫困生资助管理部门尚未意识到大数据的巨大潜力。资助管理人员相对缺乏尽可能多地收集、测量学生数据，以便用于以后决策分析的意识。运用大数据进行资助工作大多还停留在对大数据平台数据进行存储、查阅的阶段，未能发挥大数据预测分析、预警等功能。目前，我国高校贫困生资助工作还是以各项事务或活动为主线展开，存在大量繁杂琐碎的事务，没有真正摆脱传统上以事务为中心的管理模式的束缚。对于贫困生数据分析思维还停留在统计抽样式的调查问卷或样本数据，尚未形成大数据全样本分析理念，数据利用率较低，对于贫困生资助管理工作需要转变由过去寻找因果关系向寻找相关关系思维方式。高校贫困生资助管理人员大多是从事高校学生管理工作的行政人员，缺乏大数据思维，通常重视大数据技术而非大数据本身，大多将大数据作为学生管理的手段之一，甚少能够将大数据转变为资助管理思维方式。此外，由于高校贫困生人数的增加，资助部门的数据量不断增加，特别是网络数据、定位数据、社交数据推动了高校资助工作数据的增长，其数据量大大超过了传统数据，也增加了高校资助部门数据存储和分析的压力，对高校贫困生资助人员的数据素养提出了更高的要求。

二、经济困难学生认定标准

为了做好困难学生的认定工作，各高校结合实际情况一般会制定相应的困难学生认定标准。一般来讲，根据学生家庭困难情况，将困难学生分为一般经济困难学生和特别经济困难学生。全校经济困难学生人数不超过所有学生人数的 40％，原则上一般经济困难学生家庭所能提供月生活费应在 150 ~ 200 元；经济特别困难学生家庭所能提供月生活费应在 150 元以下。

结合大学生手册，有下列情况可能造成家庭一般经济困难的情况，家庭所能提供月生活费应在 150 ~ 200 元之间，可认定一般经济困难学生。

①城镇户口、父母暂时双失业或父母一方因病丧失劳动能力的家庭学生。

②如果父母一方暂时没有工作，另一方收入不足以维持整个家庭的正常开支。

③父母务农，有两名以上子女同时在非义务教育阶段上学，经济负担非常重的家庭的学生。

④父母务农，家庭中有残疾成员或因疾病劳动能力丧失的成员。

⑤自然灾害，突发变故致使家庭财产有较大损失的家庭学生。

⑥由于其他原因造成家庭经济困难的学生。

有下列情况可能造成家庭特别经济困难，家庭所能提供月生活费应在 150 元以下，可认定特别经济困难学生。

①孤儿，单亲家庭（指父母一方已故），无直接经济来源或失去主要经济来源的学生。

②家庭中有危重病人，无医疗保险，医疗费开支数额巨大，造成家庭严重负债的学生。

③烈士优抚家庭子女，西部助学工程等上级教育主管部门或民政部门指定的救助对象。

④农村五保户或城镇持有民政部门发放的低保证或县总工会以上单位发放的特困证家庭子女。

⑤来自偏远地区，家庭收入不足以支付基本的学习及生活费用的学生。

⑥由于其他原因造成家庭经济困难的学生。

有下列情形者，取消经济困难学生认定。

①弄虚作假，虚报家庭困难情况者。

②考试成绩有两门（包含两门）不合格者。

③生活奢侈，不节俭者。

④在校外租房者。

⑤经常出入网吧等营业性场所。

三、数据分析及处理

为了认定满足资助条件的经济困难学生，需要对所有申请资助的学生的信息进行汇总，并对这些数据进行分析。由于申请资助学生的数据来源涉及学校的多个部门，如学工部提供学生的基本情况和家庭情况、家庭困难认定申请信息等；教务处提供学生的成绩；财务处提供学生的校园一卡通月消费情况和学生助学贷款情况等，需要对这些信息进行汇总。

为了准确地对数据进行分析，需要对这些数据进行预处理，同时先去除对分析没有作用的信息，以便把数据量适当缩小。

①在学生的基本情况表中，学生的性别、出生年月、民族、系、专业、年级、个人特长是对贫困生认定没有作用的，可以去掉，而其他字段如入学前户口、孤残、单亲、烈士子女、家庭人口数、家庭年收入可以看出家庭的基本情况，家庭通信地址可以看出学生是否来自贫困山区。经分析删除后的学生基本情况表如下。

学号、姓名、入学前户口、孤残、单亲、烈士子女、健康状况，家庭人口数、家庭年收入、家庭通信地址。

②家庭成员登记表中的年龄对贫困生认定没有作用，可以去掉。其他字段保留，其中的职业、工作单位、健康状况等字段可以看出学生家庭的经济状况和家庭成员的身体状况，有无疾病等。经分析删除后的家庭成员情况表如下。

姓名、与学生关系、职业、工作单位、健康状况。

③家庭困难认定申请表是学生申请贫困生时必需的表，只有学生先提出申请，学院才能对该生的情况进行分析，判断其是否符合贫困生标准，然后才给予资助。对该表进行分析处理后，表信息如下。

学号、姓名、家庭人均年收入、申请理由。

④成绩是学生能否享受到资助的一个重要的标准，学院要求学生仅有一门课程补考的情况下才能得到资助，因此成绩表对贫困生的认定非常重要，对成绩表分析处理后，该表信息如下。

学号、姓名、课程名、成绩。

⑤校园一卡通月消费情况表则反映了学生在校的饮食状况。经过分析处理后，该表信息如下。

卡号、学号、姓名、月消费金额。

⑥助学贷款情况表反映出学生读书期间是否有贷款记录，因此保留学号，姓名，贷款金额（元），贷款期限（月），贷款利率等属性，该表信息如下。

学号、姓名、贷款金额（元）、贷款期限（月）、贷款利率。

由于这些表来源于各个部门，每个部门所做的数据表的形式不一定一样，有的是用Excl所做的表格，有的是用Word所做的电子表格，还有的是用FoxPro所做的表格，针对这种情况可以利用SQL Server 2012中的DTS，即数据转换服务，把这些形式不一的表都转换成数据库中的表，使形式统一起来，然后再提取与贫困生认定有关的数据进行下一轮分析，并根据实际分析删除对后面分析无作用的字段，保留对后面结果有可能有影响的有用的字段。

数据转换服务DTS（Data Transfer Serviee）提供了在SQL Server与OLEDB，开放式数据库互联（ODBC）或文本文件格式之间导入、导出和转换数据的功能。使用DTS可以在数据库管理系统之间复制表结构和数据，创建可以集成到第三方产品中的自定义转换对象，或者通过交互方式或按规划自动从多个异构的数据源引入和传输数据，从而可在 SQL Server 中建立数据仓库和数据中心。DTS 在异构的数据源和目标之间只能移动表结构和数据，而当数据源和目标都是 SQL Server 2012 时，除了可以传输表结构和数据外，还可以传输触发器、存储过程、规则、默认值、约束条件和用户定义的数据类型。

DTS 的数据源和数据目标所使用的数据类型主要有大多数的 OLEDB 和 ODBC 数据源及用户指定的 OLEDB 数据源、文本文件、Informix 数据库、Oracle 数据库、Access 数据库、FoxPro 数据库、Dbase、Paradox 数据库、Excel 电子表格。

四、关联规则在贫困生认定工作中的运用

数据挖掘是关联规则的重要组成部分，是提高资助精确度的有效手段。对于学生的各方面数据需要进行综合性的整理收集。要进行综合性的整理收集，数据需要覆盖学校的教育评估，教学管理、财政情况等日常管理的方方面面。此外，还需要整合一些学生个人数据，如学生的学习情况、生活消费情况、到课情况、志愿服务情况等相关信息数据。如此，要形成学生在校期间校内校外方方面面的数据网，还需要一个可以实时反馈给学校数据的媒介。各大高校的校园一卡通就充当了数据采集媒介的角色。目前很多的高校都建立了以校园一卡通作为数据采集媒介的方法，在服务学生的同时收集数据。目前仍需不断扩大一卡通的使用范围，不仅包括传统的饮食缴费，也包括校园超市的消费等学生在校日常生活中需要缴费的项目，还要包括学生学习动态，如图书馆借阅、上课打卡等。高校不断地开发校园卡的功能，一方面方便了学生，另一方面也便利了学校尽可能多而准确地采集学生的数据。如此一来，学校就可以建立起信息量巨大的数据网络，全面采集学生数据。

全面采集学生的数据只是数据挖掘工作的第一步，在海量的数据当中对每一个学生的经济情况进行识别并按等级划分并不是一个容易的工作。因此，接下来需要对高校数据采集终端得到的数据进行整理、汇总和分析。只有在分析过大量的数据后，高校才有可能在全部学生的消费情况和家庭经济程度中划分出等级，作为精准识别贫困生的参照标准。在这一工作中，学生的消费情况是衡量学生家庭经济情况的重要数据来源，需要高校在校内形成数据共享和数据整合系统，并建立高等教育学校家庭经济困难学生识别预警机制。

运用数据挖掘的原理并将它运用在贫困生认定管理中，需要满足以下的功能和性能要求。

首先，组建一个以校园一卡通为基础的学生消费数据系统模型，在模型的基础上描述学生的消费行为，尝试发现不同经济状况学生之间的消费差别，通过消费数据发现生活困难的学生，同时提供班级推荐候选贫困生班主任数据录入、查询功能，高消费程度预警功能和举报功能。系统本身应当具有易操作性。当前使用系统进行贫困生评定工作的人员主要是高校辅导员，其系统操作应界面简单、清晰、明了，本身具有易交互性和易用性，分析和挖掘结果也要图形图表化，让用户易懂易理解。

其次，整合校内各部门的分散数据，尤其是全方位、多层次深度整合学生日常消费流水数据。从认定经验而言，学生日常消费支出状况可以作为家庭经济困难学生认定的重要参照标准。通过挖掘消费频率、消费额度及消费水平数据，分析学生经济背景和家庭贫困程度。由于学生持卡消费数据分散在各个部门终端，因此，数据采集和挖掘的前提就是实现校内数据共享和数据整合。重点整合学生的餐饮、购物、圈存等数据，结合学籍基本信息，建立所有学生家庭经济困难学生识别预警机制。通过前期的工作，将高校贫困生认定及管理工作数据挖掘化，使两者完美结合，还需要完成以下工作。

①数据挖掘的载体应当便于上手操作，即使用的贫困生认定软件或程序应简单易懂，至少可以在不了解原理情况下运行。当前主要使用系统进行贫困生评定工作的为各个高校辅导员，系统的操作应当能够简易明确，最终所形成的结果应当一目了然，最好可以做到图形化或者图像化，让使用者可以轻松对其结果进行归纳整理。

②通过对校园卡系统消费数据进行海量分析，从而建立起能够正确分析以及统计的模型，在此基础上，对学生的各类消费进行统计以及预测进而对不同经济状况学生消费存在的不同进行调查研究，最后获得想要的调查结果，有效找出真正存在生活条件拮据、生活状况贫困的学生。在该模型中，还可以进行统计人员的信息录入以及贫困生动态管理监测、高消费情况记录、学生举报以及贫困预警等一系列操作。

③面对大量的数据，该系统本身应当具有强大的整合能力以及处理能力。要知道目前高校的学生人数动辄数万，没有一个具备强大的整合能力以及数据处理能力的系统，将难以真正作用于高校贫困生认定及追踪实践工作。每位学生消费的每笔数据，都是要进行精确记录以及整合的。校园卡本身在学生日常生活中，记录了丰富而全面的各类数据。因此，需要进行科学筛选。与此同时，当执行数据选择以及预先数据处理时，有必要确保各项数据本身的完整性、准确性、集成性，并在此基础上进行真正意义上的贫困生数据处理工作。

五、运用关联规则时应注意的问题

需要注意的问题是校园一卡通数据的可靠性问题。比如，学生使用一卡通在食堂就餐，每次就餐所花费的金额，往往是我们认定一个学生是否贫困的依据。但是，随着外卖产业的发展，有很多家庭经济水平并不高的学生在课业繁忙时也会喜欢吃外卖。这就导致了校园一卡通记录学生食堂消费这一方面的数据不具有权威性与真实性，进而对之后的数据挖掘工作造成很大的困扰。

校园一卡通数据庞杂，不单单包括使用一卡通的学生学生消费数据，还包括学校的教职工等人员的消费数据，如何排除这些人员在学校使用校园一卡通进行消费的相关数据，是需要着重研究和重视的问题。这就需要我们在使用识别系统过程中，对这些人员加以特别标注并进行分类过滤筛选。从而得到我们需要的，能够科学反映学生在校一卡通使用情况的精准数据。

还需要考虑以下问题，有些学生是因为身体原因而导致的家庭贫困，比如先天性残疾或者因事故导致的残疾或者其他身体疾病，如心脏或血液疾病等，这种学生往往是不住在学校，他们也很少会使用校园卡进行消费。在这种情况下，借由校园卡消费情况来区分贫困生以及划分贫困等级的方法对他们就显然存在局限。还有就是某些学生虽然在学校有住宿，但是因为自己的亲戚就住在附近，住在亲戚那边既方便又可以包一日三餐，这些学生校园卡中反映的有关信息自然是不够全面的。这些都是需要注意的问题。

还有部分学生存在缺失部分校园卡的消费数据的情况，这些学生主要包括因出国交流学习、因严重疾病等原因长时间休学，长时间的事假，因个人原因的其他退学或者休学情况，等等。对于这一部分学生，校园卡数据是不能真实反映其家庭经济情况的，所以需要对他们的信息进行单独处理，防止发生遗漏，因为这些学生家庭的贫困发生率往往较高。

当前信息数据处理中心的工作主要包括以下两个部分：第一，消费额的整合分析归纳。消费额的整合分析归纳是指将从数据终端——圈存机中获取海量数据信息，之后对这些信息进行编码整理，使之成为可供数据处理中心分析处理的数据，进而将这些数据科学化，以便于挖掘、分析、利用。第二，数据的处理工作。被再处理后的数据将被录入学校的数据库并进行解析和归纳，获得相应的有效结果，并且完成备份工作。

第四节　关联规则在高校科研评价中的应用

一、高校科研评价

（一）高校科研评价概述

高校科研评价体系是高校科研工作的重要组成部分。它由科研成果考评办法、科研项目管理办法、重点学科建设办法、学科带头人培养办法等科研管理文件组成。科研评价体系是一项系统工程，不单是评价成果，还兼有评价项目、评价学科等作用。其中直接参与评价的是科研成果考核办法，其他几个方面间接为科研评价体系服务。科研评价体系是学校科研工作的晴雨表，对学校科技水平的提升、核心竞争力的增强，能够起到框架的支撑作用。

科研成果考核制度是国内高校普遍采用的一种科研评价方法，根据科研的特点通常采用量化方式。通过这种考核评价制度形成了一批具有自主知识产权且成功转化为生产力的科研成果，缩短了与发达国家科学研究的差距，建立了适合我国国情并与国际科研机制接轨的科研评价体系。

目前，高校科研管理部门对科研的评估还仅仅局限在高校内部的比较上，主要根据以下一些指标进行，比如，论文数量与质量、学术专著、科研立项、专利成果、技术转让、获奖情况及成果转化等。这些信息如论文数量及质量可以从 SCI、EI、ISTP、SSCI、CSCD 等大型期刊数据库上反映出来；科研立项可由批复机构和批复经费来判断；专利成果可以从 PATS 等专利数据库上获得；技术转让可根据转让费判断；获奖情况等其他情况则从研究机构内部报表得来，而在科研成果查询中，目前主要采用的是基于"专家评估"的同行评议制度。因为科学研究的性质存在差异，项目内容也有区别，而在科研成果评估中，仅仅进行内部比较不够合理，单单依据几个数据库（索引、文摘等）还是不健全。因学科发展的不平衡性和地域性，有些学科的研究论文没有记录，或者记录很少。如 SCI、EI 主要收录自然科学，以英文期刊为主，中文期刊数量相对较少。因此，两个相差甚远的学科的研究论文成果就几乎没有可比性。这样如果仅仅依据论文数量与质量、专利成果技术转让、获奖情况等指标进行比较，将影响院系、人才之间的比较结果，缺乏科学性所以须在原有内部比较的基础上增加外部比较与自身比较来弥补其不足，这样相同性质的院系之间就具有了可比性，评估结果将更加科学。

另外，同行专家评议法是由从事本领域或接近本领域的专家学者来评定一项研究的学术水平或学术价值的方法。发现科研成果中单纯的专家评议法在不考虑社会学的因素后，主要存在以下不足之处。

①科技高速发展，科技信息量急剧增加，而同行评议受限于个体专家对相关技术领域最新成就了解的广度、深度和及时程度，往往缺乏有力度的佐证和前瞻性的判断，存在很大程度的随机性和不稳定性问题。

②同行专家个人的价值观直接影响评议工作，由于专家个人的偏好，对同一鉴定标准具有不同的认识，表现在具体的评审中，则往往有不同的主观标准，结果对同一课题的学术价值的评价相当不一致。通过对评估决策的分析，在原有内部比较的基础上增加了外部比较和自身比较。外部比较，指将该各研究所与国内同行研究所的总体平均水平进行比较，得出它在该领域的国内排名。与自身比较，指各研究所分别与自己过去几年的情况进行纵向比较，得出各所近几年人员产出率增长情况等，得出自身变化指数。最后，基于以上三个比较形成一个综合评估模型，得出相对科学合理的评估结果。

（二）我国高校科研评价的不足

近年来，我国在积极推进科学研究发展取得了良好效果，但我国高校研究评价总体上滞后于研究活动的开展，现有的评价主要是针对研究个体和团队在评职称、申请科研经费过程中的评价，没有建立起全国性、比较权威或有官方牵头的高校研究成果评价体系尚未形成良好的评价机制。同时，缺少独立的第三方科技中介评价机构，缺少高校研究评价的知识管理和数据库系统，信息反馈渠道不畅，导致政策制定者和管理者无法及时依据评价反馈的信息调整高校科研管理政策和科研管理目标，从而使高校科研管理缺少了时效性和适应性。目前，由于缺乏完善的指标体系、评价模型以及相应的执行机制、激励机制和配套措施，我国高校科研评价存在以下不足。

1. 评价标准不统一

《科研成果鉴定办法》中规定鉴定单位可以根据科研成果的特点选择检测鉴定、会议鉴定和函审鉴定等鉴定形式。对科研成果鉴定的内容包括是否完成科研项目计划任务书要求的指标，技术资料是否齐全完整并符合规定，应用技术成果的创造性、先进性和成熟程度，应用技术成果的应用价值及推广的条件和前景，存在的问题及改进意见。而对科研的评价方法及评价指标没有统一标准，对科研评价也没有形成完善的评价指标体系。由于各行各业对科研成果的分类界定不一致，评价方法和评价指标也是仁者见仁、智者见智，因此评价机构往往根据被评科研的特点自行选择评价指标体系和评价方法。

从评价指标体系来看，绝大部分的定量评价指标体系，其评价标准仍然是以定性为主，即通过专家咨询赋予主观的分值，并没有实现实质上从量的角度进行衡量。客观上讲，由于缺乏第三方直接采集数据进行计量分析的评价指标体系出现，定量指标的设置并没有改变定性指标的本质。常用的评价方法主要有360度反馈法和平衡计分卡法，这两种方法经常出现在高校人员的评价中，在对科研成果的评价中较少使用。这两种评价方法虽然改善了传统评价中标准模糊、晕轮效应、成见效应和居中趋势对评价结果的影响，但是这两种评价方法也同样存在着不同程度的问题。其中，360度反馈法工作量大，实施较为复杂，评价过程中容易出现分歧；而平衡计分卡法中指标的创建与量化较为困难，主要适用于对公司员工的评价。

当前，我国各个高校都在积极开展高校科研的评价工作，政府对高校科研投入和产出也越来越重视，相继取得了一定的成效。但是，不同的高校有不同的需要和特点，对科研评价的侧重点亦不同，加之国家、政府尚未制定统一的评价标准，高校科研成果评价缺乏统一的关于项目数量、质量等方面的具体的评价标准，导致了很多高校的评价结果无法进行横向或纵向的比较，科研成果的实用性、效率和效益等都较难比较。

2. 评价目的不明确

高校科研评价的目的是比较高校科研成果投入产出绩效，推动高校科研人员科研能力的提高，更好地进行科研工作，提升科研成果的绩效，提高高校科研经费的实际利用率。目前，有些高校对科研人员考核的导向性不明确，部分科研人员过分重视评价的量化指标，导致很多科研行为过于急功近利，为了科研而科研，这种背景下会产生大量重复、低产出、低效率和低效益的科研成果。而高校科研评价会影响评价的客观性、公正性。除此之外，高校科研评价的评价制度、评价体系本身存在着许多不足，容易形成以短期经济效益和社会效益为评价目的的评价体系，忽略以科研成果的创新性、竞争性等长期效益为评价目的的评价体系

3. 评价结果不准确

评价主体、评价指标体系的选择直接影响科研评价结果的准确性，高校通常根据自身的需求选择评价机构来对科研成果进行评价，而在这些评价机构中，有的资质不全，根本

不具备参与科研成果评价的经验和条件；有的参评专家不专业，对该科研成果的深刻内涵不甚了解；有的在评价过程中受到利益驱使，使评价仅仅是走过场。与此同时，政府也没有明文规定高校在进行科研成果评价的时候必须出具哪些材料，如何选择评价机构，从而导致评价结果不准确，评价结果报告缺乏权威性。由评价结果得出的评价结论有失偏颇，对高校科研成果的转化、生产、产业化等环节也会带来一定的隐患。

4. 评价实施效率低

科研评价活动虽然在高校开展多年，但没有做到真正有效实施是因为目前高校管理体制和机制缺乏强有力的推进政策，未能将人力资源绩效评价、学科评价及教学评价等有关评价工作有效结合起来，推行尚有一定难度。另外，指标体系的可操作性不强和数据资料获取不全面、不完整也是重要原因。

二、高校科研评价体系的构建原则

高校科研评价系统中，评价体系的构建是一项最基础的工作，也是系统建设的重要依据。评价体系是否科学合理将直接影响数据挖掘系统的其他各个环节，会导致出现有偏差的评价结果。因此，建立设计科研评价体系须遵循以下原则。

（一）科学性原则

评价体系的设计应体现科学性，要遵循国家的法律、法规以及学校的各项规章制度，要符合科研规律，要明确每项指标的内涵和针对性，能客观、正确地反映成果的业绩。指标的设置要合理，并有相对独立性，权重系数的确定要能正确反映各指标之间的相互关系及各指标在整体评价中的地位和作用。具体来说，要根据实际，正确地划分指标层次，同一层次的指标，其地位要相当，相互独立，且尽可能覆盖该层次的整体情况，避免遗漏和重复，以免影响评价的准确性。

（二）前瞻性原则

科研评价体系必须能够体现世界潮流的变幻、国家的政策方针，满足高校科学研究和人才培养的要求。坚持"与时俱进"的思想，遵循科学发展规律，全面而充分地反映学校的科研目标和学科发展。国家政策和学校发展目标调整时，评价体系能方便地适应这种调整的需要，而指标体系设置和权重的处理也能动态灵活调整。

（三）导向性原则

所谓导向性是指科研评价具有激励评价对象实现科研目标的潜在动力，能够引导教师努力争取达到预定的目标的要求，促进学校学科优化、提高薄弱专业，有利于教育管理者决策的科学化。这种导向性一般通过指标的权值大小来实施影响，因此要特别注意评价体系中指标权值的分配问题。

（四）可行性原则

可行性是指评价体系的建立与实施必须是方便可行的。具体来说，就是评价体系中的各项指标要尽可能明确、简单、便于操作。指标数量少而精、量化方法简便，并且各项指标的综合能够反映事物的本质。避免太多的烦琐统计和复杂的计算，评价成本低。因此，评价中不苛求对成果业绩评价分值的精确反映，但要求对业绩不同的成果，其评价分值要有显著差异。在实施评价过程中，所规定的内容可以通过实际观察和测定获得结论，方便用户进行操作。

（五）定量指标与定性指标相结合的原则

评价体系是一个复杂的指标体系，体系中既存在着定量指标，也存在定性指标。采用两种类型指标相结合，可以减少由于纯定性指标缺少说服力和纯定量指标缺乏数据支持而产生的误差，增加评价结果的公正性、合理性与客观性。

（六）平衡性原则

由于评价的对象是科研成果，而各种类型的成果有很大的差异性，规模的差异性在数量指标方面，表现为绝对数量的差异性。为使评价合理，在指标设计时应充分考虑绝对数量指标和相对数量指标的兼顾，并给予合适的权重。

另外，评价体系的建立要从各个高校的实际情况出发，评价标准不能过高或过低，否则会造成评价结果的大面积不合格或大面积优秀的情况，使教学评价失去意义。

科研评价体系的构建包括指标的确定和权值的确定两个方面，指标是具体的可测量的行为化和操作化的目标在一个方面的规定，即它不反映全部的目标，只反映目标的一个方面。由相关的一组指标所构成的系统就是能够反映目标整体的指标体系。指标的确定方法主要有穷举法、专家经验编制法、问卷调查法和主要成分分析法等。

权值是指标对达到目标影响程度的测度，其大小反映人们对其价值的认识，权值越大，说明该指标对目标的影响程度越高，越容易受到大家的重视。确定权值的方法主要有专家咨询法（关键技术法）、比较平均法、深入研究法、相关矩阵法、德尔菲法、对偶比较法和层次分析法等。其中，层次分析法是一种可以构建多层次评价体系并进行权值分配的常用方法。该实例将采用定性、定量和综合方法，利用数据挖掘技术进行研究，并建立通用评价体系的构建模型，以解决同类型问题。

三、高校科研引入数据挖掘的必要性

随着计算机技术、网络技术等的迅速发展，科研管理系统对数据存储、查找、统计、报表等的能力有了很大提高，其管理功能一般能够满足科研管理的需要。目前，科研管理系统的数据分析功能尚十分有限，基于科研评价数据的知识提取是提高高校管理者决策能力的重要手段之一。因此，通过数据挖掘技术，找出有价值的信息，客观、科学、全面地供管理部门参考具有重要的现实意义。

因此，在科研管理中引入数据挖掘技术，以提高高校科研管理的水平和能力。数据挖掘是解决数据丰富而知识贫乏的有效途径，其实质是从数据库中提取隐含、未知的和潜在有用信息的过程，被公认为是数据库研究中的一个极具应用前景的新领域。关联规则挖掘是数据挖掘中最活跃的研究方法之一。它们可以从评价数据中找出大量真正有价值的信息和知识，能够更好地对高校的发展和未来趋势做出定量的分析和预测，为高校的教育管理者提供更科学的决策基础，有针对性地加强科技管理和学术建设，进而有效地提高学术创新和科技创新的能力，更好地为社会服务。

通过对高校科研管理系统功能的分析，发现这些科研管理系统基本上都具备数据的录入、修改、统计、查询、报表等功能但很少具有数据分析功能。即使有的系统具有此功能，但其功能也比较简单，对数据的分析、处理功能也是很有限的。目前，我国这些系统基本都存在以下不足。

（一）数据的统计分析功能比较简单

统计分析功能绝大多数局限于对人数、科研工作量、论文数量等的简单累加很少给出数据反映的问题，诸如教学管理系统、人事管理系统、科研管理系统等这些系统之间基本上没有实现信息的共享。

（二）辅助决策功能比较薄弱

由于大部分系统只是对数据做简单的数字上的统计这必然使得数据本身含有的信息量较少，辅助决策的能力当然也就比较薄弱。

（三）数据分析能力比较欠缺

随着计算机技术、网络技术等的迅速发展，使得科研管理系统进行数据存储、查找、统计、报表等的能力有了很大的提高，其管理功能一般能够满足科研管理的需要，但随着系统的不断使用积累了大量的数据的多角度分析为相关人员提供更加丰富和决策支持呢？目前的科研管理系统的数据分析还是很有限的。因此，通过数据挖掘技术找出有价值的信息客观、科学、全面地供管理部门参考具有重要的现实意义。

第五节　数据挖掘在高校学生心理问题中的应用

一、大学生心理健康

当前，大学生的心理健康问题以及针对这些问题的教育方法的研究，已经引起了全国高校的广泛关注。我国大学生的心理健康教育起步较晚，经历了一个由认知到重视，再到加强的过程。自 20 世纪 90 年代起，我国开始重视大学生的心理健康教育工作，许多专家、学者围绕这一课题开展了研究，提出了许多实施方法，教育工作者也在对大学生进行心理健康教育的方法上做了有益的尝试。

（一）大学生心理发展的特征

1. 自我意识增强，但发展不成熟

自我意识是指人对于自己、他人及社会的关系认识。大学生是同龄青年中的佼佼者，大多具有较强的自信心、自尊心。他们希望自己的聪明才智能够得到社会的承认和关注，期待社会把他们看作成熟的一员，得到他人的尊重，他们不喜欢别人指手画脚、干涉指责，或者把他们当未成年人看待，这种表现是大学生自我意识进一步增强、个体进一步成熟的反映。

但由于自身社会生活的知识、能力和经验等的不足，大学生中的相当一部分人还不善于正确处理自我完善与社会发展需要的关系，还没有做好立足现实、长期艰苦奋斗的心理准备。因此，在寻找自我时，有时会迷失前进的方向；有时可能由于过于张扬自我却忘了尊重和理解其他同学；有时在过于强调自我时忽略了别人的意见；有时在遭遇挫折和失败时，会过分放大自身缺点，产生自卑情结，在消沉中萎靡不振，甚至行为失控，做出不理智的事情来。正因如此，大学生自我意识的发展状况充分反映出他们正处于迅速走向成熟但并未完全成熟的心理特点。

2. 思维发展迅速，但具有片面性

进入大学阶段，大学生的抽象逻辑思维获得了迅速发展，并逐渐在思维活动中占据主导地位。在思考问题时，大学生不再满足一般的现象罗列和获得现成的答案，而是力求自己能够深入地探讨事物的本质和规律。他们思维的独立性、批判性和创造性有所增强，主张独立发现问题和解决自己认为需要解决的问题，喜欢用批判的眼光对待周围的一切，不愿意沿着别人提供的思路去思考和解决问题，其思维的辩证性日益提高。

但是，大学生抽象逻辑思维水平并没有达到完全成熟的程度，主要表现在思维品质发展不平衡，思维的广阔性、深刻性和敏感性发展比较慢。由于个人阅历浅、社会经验不足，看问题时容易钻"牛角尖"，掺杂个人的情感色彩，缺乏深思熟虑，往往有偏激、过分自信和固执己见的倾向。尤其不太善于运用辩证的观点和理论联系实际的观点指导自己的认识活动并观察社会现象，因而，常常把社会问题看得过于简单且陷入主观、片面和"想当然"的境地。

3. 情感丰富，但波动较大

随着校园生活的深入开展，社会性需要增多，大学生的情感发展也日益强烈且日益发展完善。这种强烈的情感不仅表现在学习和工作中，也体现在对待家长、同学和老师的态度等方面，更重要的是这种情感还具有明显的时代性、社会性和政治性。

同时，大学生控制情绪的能力也在不断变强，大多数人的内心体验逐渐趋于平稳。但是，如果受到内心需要和外界环境影响的强烈刺激，其情绪容易产生较大波动而表现出两极性，既可能在短时间内从高度的振奋变得十分消沉，又可能由冷漠突然转变为狂热。这种情况使一些大学生陷入理智与情感的矛盾和冲突之中，从而感到十分苦恼。

（二）大学生常见的心理问题

1. 环境适应性问题

大学生步入大学之后，环境发生了巨大的变化。离开了家长、同学、朋友和老师，面对新的集体、新的生活方式、新的学习形式，一些学生会产生对现实的失落及心理上的孤独感、空洞感。有的学生来到这个新环境后，会发现原先预期的大学生活与现实中的大学生活存在较大的差距。诸如学习上的困难、专业不满意、独立生活能力差、地方区域的差异、目标的丧失等。总之，由于个体适应能力的差异，其中一些大学新生会出现因环境变化而造成的适应困难，进而情绪低落，出现心理问题。

2. 自我意识的模糊

在大学阶段，学生的个体自我意识逐步增强，但在相当长的时间内，他们没有形成关自己的稳固形象，自我意识还不够稳定，看问题往往片面主观，加上心理的易损性一旦遇上暂时的挫折和失败，往往灰心丧气、怯懦自卑。而且新生对于周围人给予的评价非常敏感，哪怕一句随便的评价，都会引起很大的情绪波动和应激反应，以至于自我评价发生动摇。

3. 情绪不稳定

大学生处于青春期的"暴风雨时期"，生长发育极为迅速，已基本趋于成熟，但由于其阅历较浅，社会经验不足，对人生和社会问题的看法往往飘忽不定，容易出现各式各样的心理矛盾，很容易受外界各种因素的干扰和影响。有时个人会因一点小的胜利而沾沾自喜，也易为一次小考失利而一蹶不振。这一时期的自我控制和调适能力较低，并由此导致心理和行为偏差。

4. 人际交往困难

在人际交往方面的困惑表现为人际敏感。在与他人交往过程中，经常发生一些摩擦冲突和情感损伤，难免会使一部分学生产生孤独感，从而产生压抑和焦虑的情绪。很多学生处于一种渴望交往而又害怕交往的矛盾之中，很容易导致孤独、抑郁或自卑；还有一些学生因为性格问题而不合群，遭到新同学的排斥，其中一部分人便独来独往，不与他人接触，久而久之产生一种受冷落感或性格孤僻、粗暴等心理倾向。

5. 学习问题

走进大学，学习依然是学生的首要任务，也是大学生活中的主要内容。但是大学的校园相较于中学轻松很多，很多学生产生了松懈的念头，期望自己学习成绩优秀，但是缺乏行动力。有的学生没有养成自主学习的习惯，到期末考试的时候希望老师划重点，搞突击以应付考试。少数学生存在学习困难，如上课注意力无法集中、学习效率低下，导致学习成绩不理想。

6.就业问题

随着高等教育就业制度改革的不断深入，一方面市场带给大学生更多的择业机遇和更大的自由度，另一方面也增加了择业难度，加重了大学生的行为责任和心理压力，同时毕业生自身的素质、性别、专业及社会关系等因素也制约着择业的自主权。对于少数大学生来说，毕业甚至意味着失业。一些学生因专业、兴趣、就业目的、性格特点间的冲突使他们产生矛盾心理。恐惧、焦虑、烦躁打破了他们的心理平衡，使他们对生活缺乏信心对前途失去希望、对环境无能为力。

二、大学生心理问题测试手段

大学阶段是一个人的生理和心理都迅速发展的阶段。伴随着个体心理迅速走向成熟而又尚未完全成熟的一个过渡期，尤其是从中学刚刚升入大学的一年级学生，面临一个全新的，更加开放和宽松的思想、学习和生活环境，部分学生的心理和行为一时难以适应，比如，有的学生思想比较封闭，精神紧张，行为拘谨，在学习和生活上对自己要求过于严格，害怕出现差错和失误等。人际关系环境与中学相比发生巨大变化，他们面临的是更加复杂和多样的人际关系，新生还会反映出一些消极的情绪和心理，如对学校的不满意、对专业的不满意带来的悲观情绪，理想中大学与现实中大学的落差导致的失望情绪，缺乏新的学习动力、压力以及新的生活目标导致的茫然苦闷的心态，新的竞争产生的自卑感等。因此，在新生一入学就对其进行全面心理健康调查，了解新生的心理健康状况，及早发现存在的某些心理疾患，有针对性地帮助、引导新生以良好的心理状态投入大学的学习与生活中，并为日后的心理健康教育、辅导与咨询奠定基础。

很多高校在新生刚入校时就对他们进行了心理测试，测试方式采用团体施测，测试选用的是教育部《中国大学生心理健康测评系统》课题组所编写的大学生心理健康量表，旨在通过学生对心理症状 104 个预设问题的回答，判断大学生的心理状况。测量大学生心理健康共有 12 个维度，躯体化、焦虑、抑郁、自卑、社交退缩、社交攻击、偏执、强迫、依赖、冲动、性心理障碍和精神病倾向。量表中对每个题目描述的症状，按出现的频率从 1（没有）到 5（总是）采用 5 点记分，各分量表由属于该维度的题目的得分相加而得。然后根据每个维度的标准分，划分为症状较明显、可能有症状、一般、无明显症状 4 个水平。

三、数据挖掘技术的引入及数据准备

新生的心理测试虽然对学生的心理状况做了一个基本的了解，对预防学生心理疾病确实起到了一定的作用，但是又提出了一个新的课题，究竟如何分析、解释和使用这些心理测试的结果，才能使心理健康教育工作更有针对性，从而提高心理辅导工作的水平与效率，使这些测试的结果发挥出更大的作用。数据挖掘技术在挖掘已有数据中隐含的规律以及解决具体问题方面，是其他技术方法所不能比拟的。现已在实际领域得到广泛的应用，并且获得了良好效果。此外，数据挖掘技术的优点是可以利用已有信息系统存储的数据进行挖掘计算；利用计算机应用程序，把复杂的统计技术、挖掘算法封装起来，使人们不用掌握这些技术也能完成同样的功能，从而更专注于自己所要解决的问题。

数据预处理是数据挖掘过程中一个非常重要的环节，经验表明，如果数据准备的工作做得非常细致，在建立模型阶段就会节省大量的精力。数据挖掘所处理的数据集通常不仅具有海量数据，而且可能存在大量的噪声数据、冗余数据、稀疏数据或不完整数据等。不完整数据出现的原因有多种，可能是学生填涂不规范，造成机器读卡时产生错误信息，也可能是学生填写时漏填，这些异常都会使数据库产生大量的噪声数据，由于这些错误以及空缺数据的存在，很有必要对数据进行预处理。

（一）数据抽取

数据挖掘通常并不需要使用所拥有的所有数据，有些数据对象和数据属性对建立模型获得模式是没有影响的，有些数据的加入会大大影响挖掘效率，一方面会增加挖掘计算的时间和空间；另一方面可能会产生错误的结果。因此，有效地选择数据是很有必要的。

数据抽取有时也称为数据取样或数据简化，是在对发现任务和数据本身内容理解的基础上，寻找依赖于发现目标的表达数据的特征，以缩减数据规模，从而在尽可能保持数据原貌的前提下最大限度地精简数据量。通过数据抽取可以使得数据的规律性和潜在特性更加明显。

在大学生心理问题数据库中有很多属性，但其中的一些属性与挖掘任务不相关，如ID号、学号、姓名等属性，这些数据只会增加挖掘计算的时间和空间。根据心理数据的特点，从数据库中检索出与挖掘任务相关的数据属性，确定了对焦虑、自卑、抑郁等12维心理症状分别进行挖掘，而与这12维症状相关属性有4个，即性别、独生子女、专业、家庭所在地。根据不同的挖掘目的，对现有大学生心理问题进行数据抽取。

（二）数据清洗

在学生心理问题数据中，一些我们感兴趣的属性存在缺少值，对于这些空缺，可以通过数据清洗来填补。数据清洗也可称为数据清理，包括空值处理、噪声处理及不一致数据的处理等。数据清洗主要是针对多个数据源或数据表中数据的不规范性、二义性、重复和不完整等问题，对有问题的数据进行相应的清洗操作。

数据清洗包括数据的一致性确认，手工进行数据一致性确认的时间、费用等开销都很大，只适用于小规模的数据，对于大规模的数据集通常需要自动的数据清洗。自动清洗主要包括以下三个步骤、定义并测定错误类型、搜寻并识别错误实例、纠正发现的错误。对于含空值比例较小的数据集，删除空值的数据记录不失为一种有效的方法，然而当空值达到一定的比例时，如果采用直接删除的方法将极大地减少数据集中的记录，从而可能丢失大量的信息。因此，空值需要补齐。

①为缺失的值计算一个替代值。计算替代值常用的方法包括使用形式值（为名词变量）、中间值（为可排序变量）、平均值（为连续变量）等。

②按照数据库中值的分布规律为缺值的字段添值。比如，若数据库中包含40%男性和60%女性，那么，为性别字段缺失的记录添值时也按这个比例随机赋值。

③使用数据挖掘技术，通过已有的数据集预测空缺值的可能取值，这种方法效果应该最好，当然也最花时间。

所用的数据对缺失值的处理以下。

①对数据量比较少的，按照数据库中值的分布规律为缺失值添值。

②对数据量比较多的，用常量来代替缺失值。

对数据缺失值的初步处理后，所得到的数据质量有了很大的保障。

四、实验结果分析

在挖掘过程中发现，在社交攻击、强迫和精神病倾向上男女无明显差别，在偏执、依赖、社交退缩等症状男女生差异显著，女生的状况差于男生；不同专业的学生在自卑、依赖、精神病倾向三个维度无明显差异，在焦虑、抑郁、冲动等症状差异显著。各个学院应根据本专业学生的实际情况，开展针对性的辅导工作。

在地域上，农村学生在强迫、焦虑、社交退缩等方面与城市学生差异显著，这主要是本校处于经济发达的内地，与农村学生，尤其是外省农村学生以前的生活环境差距比较大，他们面临的新事物较城市学生多，所需做出的适应也更多。而且，与城市学生的生活方式、物质条件与见闻等方面的差距，增加他们的心理压力。此外，一般农村家庭生活条件偏低，父母对子女的期望却很高，所以这种家庭的学生大多对自己的要求过高，心理负担重，但是受挫折能力低，因此，农村学生出现心理问题的概率比较高。

独生子女和非独生子女在强迫、社交退缩、抑郁等方面存在显著差异。父母的关注对儿童早期的成长具有很大的影响，由于非独生子女从小受到的关注比独生子女少，没有足够的正向强化，会表现出不自信、消极、退缩等行为，尤其以在家中受较少关注的学生更为明显，主要原因是多子女家庭生活负担重，非独生子女还要面对经济因素对其自身发展的限制，以及与同龄独生子女在生活条件等方面的差距。同时，独生子女多来自城市，而非独生子女多出自农村，所以，非独生子女与农村学生的问题有一定重合。

由挖掘出来的结果可知，高校心理健康咨询中心和各院（系）的力量必须结合在一起，推行全员性辅导，针对文科女大学生心理健康状况相对比较严重的情况，辅导的重点和内容可以适当调整，更好地改善女大学生心理健康水平，适当有针对性地开展团体辅导工作。

不同的院系，开展工作的重点也有所不同，可借助宣传栏、校园广播、报纸、网络对大学生进行心理健康教育；开通热线咨询电话；成立学生心理社团，使学校的心理健康工作上一个新的台阶。

第六章　云技术及大数据下的
高校智能协作平台

一种新的基于移动互联网的社会化软件——智能协作平台，以"人"为中心，以知识资源为基础，以社交技术为手段，实现知识、技术、人和协同工作的统一，为用户提供一个高校社交服务入口，力图让用户在更友好的工作氛围中以最简单的方式创造价值。本章从高校应用智能协作平台的目标、高校智能协作平台的表现形式、高校智能协作平台服务单元描述、高校智能协作平台的特点与进化以及高校智能协作平台的云计算安全五个方面来进行介绍。

第一节　高校应用智能协作平台的目标

对于高校来说，应用智能写作平台主要有以下目标。

①构建微门户，创建统一访问入口。

通过统一的服务入口来访问微门户中整合的应用系统和相关信息资源，实现业务系统的内容聚集。

②以服务号实现系统间信息交互。

信息源除来自用户间的信息分享外，还支持外部应用系统通过注册服务号和开放 API 方式，进行消息分享及数据交互。

③以用户为中心，促进沟通协作。

以用户为中心，搭建一个开放沟通环境，加强内部沟通中的协调性，工作动态随时分享，工作进度及时知会，保持全员的目标向导，打破沟通边界。

④满足社交需求，提升工作效率。

按照马斯洛需求理论，人的社交需求处在第三个层次，人都有自己的感知和感受，人都有进步的欲望，都希望自己在工作中能够更高效。智能协作平面遵循复杂功能简单化的设计原则，充分体现对用户的尊重，并且提供了让用户更高效、更顺畅的工作方式。

⑤注重建立连接，形成信息链。

信息链的建立又有三方面的具体目标：一是建立用户之间的连接，通过关注关心、可能感兴趣的人等方式让用户与用户之间更容易建立连接，以此来实现扁平化的层级关系；

二是建立用户与内容的连接，通过展示内容的作者、提升社会化的评价与评论机制让用户与内容建立连接；三是建立内容与内容的连接，通过相关文档、浏览过这篇文档的人也看过之类的模块让内容与内容之间建立连接，以实现形成信息链。

⑥鼓励创造内容，激发知识分享潜能。

用微信的方式分享知识，汇聚众人思想，让组织内的内容生产更方便，传播更快捷，通过鼓励群体创造和分享，以达到知识为人所用。

⑦注重知识沉淀，构建高校知识库。

在用户的日常分享中，将有价值的思想、文件、互动问答等，凝聚为知识沉淀下来形成知识树，随着对知识的整理、分类、加工，促进知识树不断成长，逐步构建起知识库。

⑧提供关注入口，关注用户多元化、个性化服务。

为用户提供一个高校社交服务入口，以"主动推送"模式向用户提供个性化服务，根据用户的需要和服务端的智能判断，由服务端向用户推荐感兴趣的话题和工作群组。

第二节　高校智能协作平台的表现形式

一、智能协作平面主体框架

智能协作平面的主体框架是以云平台为支撑层，共性服务统一建设，数据集中存储。在云平台之上搭建协作平面的功能层以及服务层，对外提供 Rest 方式访问，在客户端以 JS 模板引擎进行渲染。

二、开放集成的服务

智能协作平面提供了一个社会化沟通和协作的基本框架，在此平台上，有无限的应用扩展机会。在平台设计过程中，一开始就植入开放平台理念，引入应用商店模式，为应用开发者和第三方应用提供开发工具和接入规范。

智能协作平面开放平台遵循一个清晰的分层模型。

Core Service Layer: 协作平面对外提供的最底层的 API，定义好了接口参数和调用流程，第三方可以根据这个层次的 API 在上面封装 SDK。

SDK Layer：针对各种开发语言或开发环境的 SDK。

Agent Layer：代理信息搜索、智能推荐、系统间服务及数据交互等。

三、面向 Agent 设计

Agent 实际上是由 Object "进化" 而来的，进化的目的是让软件系统更贴近现实世界。

从程序设计的角度理解，可以认为 Agent 就是绑定了 Thread 的 Object。

Agent 应当具有以下特点。

①自治性。Agent 能在未事先规划、动态的环境中解决实际问题，在没有用户参与的情况下，独立发现和索取符合用户需要的资源、服务等。

②社会性。Agent 可能同用户、资源、其他 Agent 进行交流。

③反应性。Agent 能感知环境，并对环境做出适当的反应。

④主动性。Agent 可以主动地执行某种操作或者任务。举例来说，Web Service 不是一个 Agent，因为它是被动地，而非主动地提供服务。

四、软件移动互联网化

移动互联网应用的特点是快速迭代开发，注重用户体验、运营和数据驱动，更精准地推荐和搜索，架构动态扩展等。传统政务软件则更强调数据的一致性、领域驱动设计、复杂的业务逻辑、流程管理、计算引擎、极端的业务场景等。

从技术角度而言，传统政务软件相对封闭、保守，移动互联网技术相对前沿、开放。由于移动互联网的生态环境庞大，必然在技术的深度和广度上领先一步，而政务软件在保持自身技术特点的基础上及时跟进已是大势所趋。同时，移动互联网技术的成熟也为政务软件提供了更多的机会。软件移动互联网化，用户在体验上提出了更高的要求，包括而不限于以下方面。

①清晰的分层架构、简约的页面。有足够的信息量，同时留给用户思考的空间。

②完整、清楚的数据流向。没有用户手册也能完成数据处理。

③高效操作。通过深入的业务抽象实现操作的精练，用最少的动作完成最常用的功能。

④让用户操作变得有趣。

⑤在可用性和可行性之间找到平衡，提供最有价值的用户体验。

五、流行的前端设计

（一）扁平化设计

扁平化设计是一种极简主义的美术设计风格，通过简单的图形、字体和颜色的组合，来达到直观、简洁的设计目的。信息发展到当前这个阶段已经空前爆炸和充实，人们不再满足徜徉于无尽信息中的片刻快感，而是保持冷静、高效地找到所需，开始追求和享用信息时代为现实生活带来的真真实实的改变。而扁平化设计体现简约二字，恰巧能提前和高效地展示信息，让用户从杂乱的信息中解脱出来。

（二）响应式设计

当前，大部分 Web 设计采用固定宽度的方式，为所有终端提供一致的用户界面，在电脑屏幕中能友好显示，而在移动终端的小屏幕中，页面布局不能自适应调整，无法按100%比例显示页面，出现水平滚动条，使用户不便浏览。针对这一问题，我们可以根据用户显示屏设计多个版本的网页，以供使用不同设备的用户浏览，但会导致网站建设及维护的工作量成倍增长，费用也会成倍增加。并且在未来的日子里，还会出现很多新的移动设备充斥市场。可见，为每种移动设备创建其独立版本的网页根本就是不切实际的。不过，有另外一种方式，可以让我们避免这种情况的发生。既然不能为每种移动设备创建独立的网页，那么就让我们的网页来适应各种设备。在此思路下，Web 设计师顺势而为，针对上网设备的多样性，设计能自适应用户终端设备的网站。让网页根据用户行为以及设备环境（系统平台、屏幕尺寸、屏幕定向等）进行相应地响应和调整，这就是响应式 Web 设计。说得简单一点，就是为了省时省力省钱，一次性开发出来的网页，用同一个 URL，能够根据不同终端设备，响应用户的操作自动调整网页尺寸。响应式设计是一种较为成熟的多终端解决方案，可以使同一套设计方案适应于各种类型的显示设备。

第三节　高校智能协作平台服务单元描述

一、移动办公服务

（一）移动办公服务的概念

移动办公是通过平板、手机、笔记本电脑等移动设备，实现与本部门所有员工协同办公、实时办公、交互办公、同步办公。移动办公服务平台旨在为企事业单位、政府机关提供简洁实用的移动办公的解决方案，帮助用户高效率地把现有的计算机办公系统借助互联网和无线网络扩展到智能手机或 PDA 上，使处于移动状态的工作人员可以随时随地通过手机上网方式随时接收公司和处理相关工作，持续保持与办公自动化系统的无缝衔接。

（二）移动办公服务平台的单元描述

目标：为高校的协同办公、审批业务提供以智能手机为终端的移动办公系统。

功能：本服务主要包括无线应用服务器软件、空中下载服务器软件、客户端软件、应用系统集成和移动阅办。提供了身份认证、移动门户、课程管理、权限控制、公文流转、业务管理、资讯管理、移动电邮等功能。该平台可使用各无线网络运营商提供的环境进行业务办理，不受时间、空间限制，办理内容能直接进入有线办公网。系统具有良好的安全性和可靠性。

配置说明：由统一用户管理系统、统一访问控制系统、移动办公系统、消息服务组件、单点登录服务组件、数据服务组件等配置构建。

外部关联：消息中心、门户系统。

二、微门户服务

（一）微门户服务的概念

门户通常指一个起始点或者一个网站，用户通过它们可以在 web 上航行，获得各种信息资源和服务，集成了多样化内容服务的 web 站点，门户是网络世界的"百货商场"，也是网络世界的"大门口"。当前中国网站的发展形式主要是以资讯为支撑的新闻结构型网站，网站依靠大量的信息填充来实现网站的空间，而微门户则是一个新的概念，微门户按照定义，只是一种门户的类型，但是作为一种新的类型，相比之下，它的形式更加直观，访问模式更加便捷。当前，一些互联网企业给微门户冠以以新闻资讯为主的小型门户网站的定义，其实是不准确的。

对于高校的微门户来说，其具有以下特点。

①安全性。微门户利用云计算处理技术对消息内容进行安全过滤、审计，保证了消息的合法性，同时使用 Https 安全协议，进一步提高了信息安全性。

②扩展性。微门户集成的各应用功能模块相互独立，方便进行模块化管理与扩展。

③即时性。微门户利用云计算的快速处理技术处理消息，提高了消息的推送与获取速度，同时确保了高效、准确的沟通交流。

④黏性。移动互联网方便携带的优点提高了用户使用率，微门户界面简单、容易理解，拉近了与用户的距离，提高了用户黏性。

⑤智能性。智能性主要体现在以下三个方面：第一，不同角色匹配不同风格的用户界面；第二，不同角色匹配不同应用功能；第三，不同角色可以进行需求功能的定制开发。

（二）微门户平台的单元描述

目标：注册系统自身的扩展应用；整合已有或者在建的应用系统，在微门户集中展现，为用户提供统一的访问入口和应用导航。实现信息源内容聚集，以线性动态列表展示。

功能：在应用中心注册、查询应用，浏览应用详情，根据自身角色和使用习惯，决定是否将应用添加到应用导航。分配、管理第三方系统服务号，以 API 或者分享组件形式，接收来自外部系统的应用消息和待办数据。

配置说明：单点登录、用户验证。

外部关联：公文流转、电子会务、督察督办、日程安排等接入微门户的系统和服务，全文检索系统，统计分析系统，日志系统。

三、知识库服务

（一）知识库服务的概念

机构知识库（Institutional Repository，简称 IR）又称为机构仓储、机构典藏库等，目前国内外还没有确切的定义。Clifford A.Lynch 从大学的角度做了这样的阐释：机构知识库是大学为其员工提供的一套服务，用于管理和传播大学的各个部门及其成员创作的数字化产品。而 Richard K.Johoson 则认为它是一个数字化资源集合，可以捕获并保存单个或多个团体中的智力产品。它们的共同点：它的建立和运行是以机构为轴心和主线；这个机构可以是实体也可以是虚拟的；其构建和实现的基础平台均是网络；操作和运行的原则是开放性。总之，机构知识库是一个部门或机构建立的，以网络为依托，以收集、整理、保存、检索、提供利用为目的，以本机构成员在工作过程中所创建的各种数字化产品为内容的知识服务中心，实现机构成员的原生信息资源永久管理和保存传播作用。

（二）知识库服务的单元描述

目标：构建高校知识库，对知识归类授权管理。创建一棵层级化的知识树，每个部门维护本部门的一个分支，各分支由一个树状目录构成，每个目录可以被理解为一个节点或一个主题。知识库内容可以独立管理，也可以通过日常分享时选择性地加入各个目录节点。引入分享和评论等社交化元素，促进知识传播，提升知识价值。

功能：维护知识目录，创建、合并、删除节点，管理节点内容，对目录申请分享权限，管理员审核分享请求、管理已分享用户。允许用户评论、分享、收藏知识信息。

配置说明：资源目录按照全局和部门设定，节点权限具有可见性和可管理性特征，多角色管理权限且权限可继承。

外部关联：全文检索系统、统计分析系统、日志系统。

第四节　高校智能协作平台的特点与进化

智能协作平面强调以人为中心，也就是以用户身份识别为中心，利用移动终端比 PC 端更易实现"永远在线"的特点，建立一个随时互联的环境。其优势还在于终端有语音、定位、通信录、触控屏等功能可以利用，基于这些特征，能够完成 LBS 签到，会议通信的协同，批阅文档，更好的文件阅览效果和翻页、触控缩放模式等。从便携性来看，用户获取移动互联网应用的时间呈现碎片化特点，即随时随地利用碎片时间获取信息、进行沟通或交互等。另外，终端自身展现能力有限，屏幕容量小、处理速度慢、网络较差等。考虑上述时间碎片化和终端展现能力因素，智能协作平面在移动终端的使用主要关注客户体验，为用户提供更快、更简洁、更精确的服务，比如在界面布局上尝试使用卡片式布局等。

按照共同进化理论，不同物种之间，生物与无机环境之间，在相互影响中不断进化和发展。软件的发展历程也是如此，智能协作平面在其生命周期内，为了能更好地生存，需要适应不同硬件、软件和用户环境，进一步地智能和开放，在进化中发展，在发展中进化。智能协作平面立足于打造互动式的沟通、分享与协作，可以预见，软件社交化将是进化后的新形态。

第五节 高校智能协作平台的云计算安全

一、云计算安全概述

（一）云计算安全的定义

目前，任何以互联网为基础的应用都具有一定的潜在的安全性问题，云计算即便在应用方面优势很多，也依然面临着很严峻的安全问题。随着越来越多的软件包、客户和企业把数据迁移到云计算中，云计算将出现越来越多的网络攻击和诈骗活动。维基百科定义的云计算的安全性（有时也简称为"云安全"）是一个演化自计算机安全、网络安全，甚至是更广泛的信息安全的子领域，而且在持续发展中。云安全是指一套广泛的政策、技术与被部署的控制方法，用来保护数据、应用程序以及云计算的基础设施。

与云计算安全性问题有关的讨论或疑虑有很多，但总体来说可将其分为两大类：云平台（提供软件即服务、平台即服务或基础设施即服务的组织）必须面对的安全问题，以及这些提供商的客户必须面对的安全问题。在大部分情况下，一方面，云平台必须确认其云基础设施是安全可靠的，客户的数据与应用程序能够被妥善地保存处理和不会丢失；另一方面，客户必须确认云平台已经采取了适当的措施，以保护他们的信息安全，这样才能放心地将他们的数据（包括各种敏感数据）交给云平台保存和处理。

云安全总体应该包括以下五个方面。

安全的云：用以保护云以及云的用户不会受到外来的攻击和损害，如恶意软件感染数据破坏、中间人攻击、会话劫持和假冒用户等。

可信的云：表示云本身不会对租户构成威胁，即云中用户的数据或者程序不会被云所窃取、篡改或分析；云提供者不会利用特权来危害租户等。

可靠的云：表示云能够提供持续可靠的服务，即不会发生服务中断，能够持续为租户提供服务；不会因故障给租户带来损失，具有灾备能力等。

可控的云：保证云不会被用来作恶，即不会用云发动网络攻击，不会用云散布恶意舆论，以及不会用云进行欺诈等。

服务于安全的云：用强大的云计算能力来进行安全防护，如进行云查杀、云认证、云核查等。

（二）云计算模式面临的安全威胁

云计算的四种模式：设施即服务（IaaS）、数据即服务（DaaS）、平台即服务（PaaS）和软件即服务（SaaS）中各自可能被攻击的位置分别为以下位置。

1. IaaS

用户根据实际需求去申请云上的存储、网络带宽和其他计算设施来运行自己的系统和程序，而不需要购买昂贵的硬件设备，也不需要找专职人员来管理和维护这些设备，能够极大地降低企业成本。在该模式下，攻击者可以发动的攻击有，位于虚拟机管理器VMM，通过 VMM 中驻留的恶意代码发动攻击；位于虚拟机 VM 发动攻击，主要是通过 VM 发动对 VMM 及其他 VM 的攻击；通过 VM 之间的共享资源与隐藏通道发动攻击来窃取机密数据；通过 VM 的镜像备份来发动攻击，分析 VM 镜像窃取数据；通过 VM 迁移，把 VM 迁移到自己掌控的服务器，再对 VM 发动攻击。

2. PaaS

用户根据自己的需求申请相应的计算平台来开发和部署自己的应用程序，他们只需要管理自己的应用程序开发过程，而不需要了解和管理硬件设施和操作、开发平台的信息，这样就降低了对硬件和操作平台的成本，对于复杂软件的开发尤其有效。在该模式下，攻击者可以通过共享资源、隐匿的数据通道，盗取同一个 PaaS 服务器中其他 PaaS 服务进程中的数据，或针对这些进程发动攻击；进程在 PaaS 服务器之间进程迁移时，也会被攻击者攻击；此外，由于 PaaS 模式部分建立在 IaaS、DaaS 上，所以 IaaS、DaaS 中存在的可能攻击位置，PaaS 模式也相应存在。

3. DaaS

在该模式下，攻击者可以通过其掌握的服务器，直接窃取用户机密数据，也可以通过索引服务，把用户的数据定位到自己掌握的服务器再窃取；同样 DaaS 模式也可能有依赖于 IaaS、PaaS 创建的虚拟化数据服务器，这部分可能受到攻击的位置已如上所述。

4. SaaS

云计算用户根据自身需求来申请和部署应用程序，用户只需要对应用程序进行简单的配置而不需要了解和管理程序所使用的软件来自哪里、下层硬件设施在哪里等问题，这样就降低了用户在硬件购置和维护、软件开发等方面的成本。SaaS 模式的创建是基于 SOA 架构，或者前文所述的 DaaS、IaaS、PaaS 这三种模式为基础创建。因此，除了上述这三种模式中可能存在的攻击位置，SaaS 模式中还可能存在于 Web 服务器的攻击位置，攻击者可能针对 SaaS 的 Web 服务器发动攻击。

除了上述的四种模式中存在的攻击位置外，网络也是重要的攻击位置，通过网络，攻击者可以窃取网络中传递的数据，实施中间人攻击、soL 注入等攻击方式。

由此可见，云计算各模式中几乎都存在有可能被利用的攻击位置。究其原因，这是由于云计算的本质所引发的，云计算模式相对于传统的并行计算、分布式计算、SOA架构等计算技术与计算模式而言，其结构与技术层次更具复杂性，主要体现在以下几个方面。

①虚拟化资源的迁移特性。虚拟化技术是云计算中最为重要的技术，通过虚拟化技术云计算可以实现SaaS、IaaS、DaaS等多种云计算模式的新概念，虚拟化技术的应用带来了云计算与传统计算技术的一个本质性区别就是：资源的迁移特性，云计算模式通过虚拟化技术实现计算资源、数据资源的动态迁移，特别是数据资源的动态迁移，是传统安全研究很少涉及的。

②虚拟化资源带来的意外耦合。由于虚拟化资源的迁移特性，引发了虚拟化资源的意外耦合，即本来不可能位于同一计算环境中的资源，由于迁移而位于同一环境中，这也可能会带来新的安全问题。

③资源属主所有权与管理权的分离。在云计算中，虚拟化资源动态迁移而发生所有权与管理权的分离，即资源的所有者无法直接控制资源的使用情况，这也是云计算安全研究最为重要的组成部分之一。

④资源与应用的分离。在云计算模式下，PaaS也是重要的一个组成部分，PaaS通过云计算服务商提供的应用接口，来实现相应的功能，而调用应用接口来处理虚拟化的数据资源，引发了应用与资源的分离，应用来自一个服务器，资源来自另一个服务器，位于不同的计算环境，给云计算的安全添加了更多的复杂性。

因此，通过对云计算中可能受到攻击的位置与方式，结合上述云计算本质对于引发的安全问题，可以综合起来，把云计算安全研究分为三类。

①云计算的数据安全。由于云计算的DaaS模式，使得云计算中数据成为独立的服务，提供各类远程的数据存储、备份、查询分析等数据服务，用户的数据开始脱离用户的掌控，由云计算服务提供商来实现管理，上述的资源属主所有权与管理权、DaaS平台的安全问题都归属于这类问题的研究范围之内。

②云计算的虚拟化安全。显然虚拟化的应用必然会带来各类安全问题，此外虚拟化也是云计算的底层技术架构之一，PAAS、SaaS、DaaS都有可能基于虚拟化的设备来提供服务，因此虚拟化技术的安全直接影响到云计算系统的整体安全。

③云计算的服务传递安全。由于云计算的所有服务都是基于网络远程传递给用户云计算服务，能否实现在可靠的服务质量保证下，将服务完整、保密地传递给用户显然是云计算安全所必须要解决的问题。

二、云计算的数据安全

（一）数据完整性

数据的完整性，在通俗意义上，除了表示用户数据不能在未经授权的情况下被修改或者丢弃外，还包括数据的取值范围的合理性、逻辑关联等意义上的一致性等。数据完整性是数据安全秘密性、完整性和可用性（Confidentiality、Integrity 和 Availability）三大特性之一。数据完整性保障是保证数据准确有效，防止错误，实现其信息价值的重要机制，事实上，任何信息系统都必须要考虑数据的完整性。

由于云存储的特点，想要保证云上数据的完整性和解决责任归属的问题，就需要提供新的数据完整性解决方案。新方案的核心在于以下几点。

①半可信问题。半可信问题是指云存储用户对于云存储服务商并不完全信任。半可信意味着用户数据的完整性除了要面临传统威胁，比如非授权的修改、硬件故障、自然灾害，还不能回避一种来自服务提供商的"拜占庭错误"，即服务提供商可能从自身的利益出发，有意地丢弃或修改数据而试图避免被发现和追责。这意味着仅仅依靠传统的纠错编码、访问控制等技术已经不足以保证云存储中数据的完整性。

②可信的问责追踪与判断问题。DaaS 服务双方都需要遵守双方达成的合约，但是服务提供商和用户都有可能因为各种动机违背合约，必须有可信的机制来保障合约得到了忠实履行。这种机制要能在数据完整性受到破坏时，有效地保存可用于追究责任的证据，清晰地厘清事故责任所在。

③远程服务传递的模式对数据完整性保障手段的制约。相对于云存储中的海量数据，面对有限的带宽资源和计算资源，用户难以实现对海量数据的完整性校验计算，如校验、加密、HASH 等，必须采用技术措施在有限的计算资源约束下，完成对海量数据完整性、可靠性的验证。

由上述分析可知，云计算环境下数据完整性问题可以从三个方面来解决，即数据完整性保障技术、在有限计算资源约束下的数据完整性的校验技术及数据完整性事故追踪与问责技术。现分别阐述如下。

1. 数据完整性的保障技术

数据完整性的保障技术的目标是尽可能地保障数据不会因为软件或硬件故障遭遇非法破坏，或者说即使部分被破坏也能做数据恢复，这里有必要提一下，在云存储环境中，为了合理利用存储空间，都是将大数据文件拆分成多个块，以块的方式分别存储到多个存储节点上；数据完整性保障相关的技术主要分两种类型，一种是纠删码技术，另一种是秘密共享技术。

①纠删码技术的总体思路：首先将存储系统中的文件分为 K 块，然后利用纠删码技术进行编码，可得到 n 块的数据块，将 n 块数据块分布到各个存储节点上，实现冗余容错。一旦文件部分数据块被破坏，则只需要从数据节点中得到 m（m≥k）块数据块，就能够恢复出原始文件。其中 RS 码是纠删码的典型代表，被广泛应用在分布式存储系统中，它在分布式存储系统中的应用研究可以追溯到 1989 年。云存储本质上也是分布式存储系统，因此 RS 类纠删码在云存储中得到应用是顺理成章的。RS 编码起源于 1960 年，经过长期

的发展已经具有较为完善的理论基础。它是在伽罗华（Galois）上所对应的域元素进行多项式运算（包括加法运算和乘法运算）的编码，通常可分为两类：一类是范德蒙 RS 编码；另一类是柯西 RS 编码。

②在秘密共享（Secret Sharing）方案中，一段秘密消息被以某种数学方法分割为 n 份，这种分割使得任何 k（k < m < n）份都不能揭示秘密消息的内容，同时任何 m 份一起都能揭示该秘密消息。这种方案通常称为（t，n）阈值秘密共享方案。通过秘密共享方案，只要数据损坏后，保留正常数据块不小于 m 份，即可实现对最初文件数据的恢复。在多类阈值秘密共享方案中以沙米尔（Shamir）的方案最为简单与常用。1979 年 Shamir 和 Blakley 分别提出了第一个（t，n）阈值秘密共享方案，其阈值方案的原理是基于拉格朗日（Lagrange）插值法来实现的，首先将需要共享的秘密作为某个多项式的常数项，通过常数项构造一个 t-1 次多项式，然后将每个份额（子秘密）设定为满足该多项式的一个坐标点，由于拉格朗日插值定理，任意 2 个份额（子秘密）可以重构该多项式从而恢复秘密，相反 t-1 个或更少的份额（子秘密）则无法重构该多项式，因而得不到关于秘密的任何信息。

2. 数据完整性的校验技术

目前，校验数据完整性方法按安全模型的差异可以划分为两类，即 POR（Proof of Retrievability，可取回性证明）和 PDP（Proof of data possession，数据持有性证明）。其中，POR 是将伪随机抽样和冗余编码（如纠错码）结合，通过挑战应答协议向用户证明其文件是完好无损的，意味着用户能够以足够大的概率从服务器取回文件。而 PDP 和 POR 方案的主要区别：PDP 方案可检测到存储数据是否完整，但无法确保数据的可恢复性；POR 方案则使用了纠错码，能保障存储数据一定情况下的可恢复性。事实上，大部分的 PDP 方案只要加入纠删 / 错编码就可以成为一个 POR 方案。

POR 方案将伪随机抽样和冗余编码（如纠错码）结合来向用户证明其文件是完好无损的，其结果意味着用户能够以足够大的概率从服务器取回原文件。不同的 POR 方案中挑战—应答协议的设计有所不同。每次需要校验时，由验证者要求证明者返回一定数目的岗哨，由于文件是加密的，云存储服务商不可能掌握文件中哪些数据是岗哨，哪些是文件数据，因此若云存储服务提供商能够返回要求的特定位置的岗哨，则可以保证相当大的概率下该文件是完整的。即使用户文件如果有少量的数据损坏，但没有影响到文件中的岗哨数据，使得云存储服务商返回了正确的结果，从而造成校验结果有误。但是因为文件预先使用类似于上文所说的纠删码进行过编码，因此少量的数据损坏会使得校验结果存在误判，用户可以通过纠错码对原文件进行恢复。该方案的优点是用于存放岗哨的额外存储开销较小，挑战和应答的计算开销较小，但由于插入的岗哨数目有限且只能被挑战一次，方案只能支持有限次数的挑战待所有岗哨都"用尽"就需要对其更新。同时，方案为了保证岗哨的隐秘性，需先对文件进行加密，导致文件的读取开销较大。

PDP 方案主要分为两个部分：首先是用户对要存储的文件生成用于产生校验标签的加

解密公私密钥对，然后使用这对密钥对文件各分块进行处理，生成校验标签，称为HVT（Homomorphic Verifiable Tags，同态校验标签），然后将HVT集合、文件、加密的公钥一并发送给云存储服务商，由服务商存储，用户删除本地文件、HVT集合，只保留公私密钥对；需要校验的时候，由用户向云存储服务商发送校验数据请求，云服务商接收到后，根据校验请求的参数来计算用户指定校验的文件块的HVT标签及相关参数，发送给用户。接收到服务商的校验回复后，用户就可以使用自己保存的公私密钥对实现对服务商返回数据，根据验证结果判断其存储的数据是否完整。

上述的PDP、POR方案以及改进方案还有多种，这些方案中由于需要用户完成生成校验数据，保留密钥等步骤，一方面对于非专业的用户比较复杂，另一方面密钥的保存也存在一定问题。所以针对这些问题，又采取可信第三方（Third Party Auditor，TPA）代替用户审计云存储中用户数据的完整性。

采用TPA参与替代用户来审计用户存储的数据完整性，这个方案的架构中一共有三个角色，即用户、云服务商（Cloud server）和TPA。其中，TPA的作用是代表数据所有者完成数据的完整性认证和审计任务等，这样用户就不需要亲自去做这些事。用户可以使用云存储服务器来存储自己大量数据的个人或企业。云服务商提供云存储服务的云服务运营商。基于TPA实现数据完整性校验主要是基于挑战应答协议来完成的，其步骤如下。

①用户先把自己的数据文件进入预处理，生成一些用于校验的数据，并上传到云计算服务商。

②然后将用于校验的数据上传给TPA。

③TPA根据用户校验的要求，定期向云存储服务商发送数据校验请求，也就是挑战。

④云存储服务商针对发送的数据完整性校验请求，按协议计算结果并予以回复，也即应答。

⑤TPA根据服务商返回的回复计算校验结果，并将结果返回给用户。

引入TPA之后，用户数据完整性的校验工作由TPA代替完成，但是作为可信的第三方TPA执行校验，有两个基本需求必须满足：第一，TPA必须能在本地不需复制数据的前提下做出有效审计，并不给用户带来任何在线的开销；第二，第三方审计过程不能对用户的私密带来新的薄弱环节。因此，对于校验数据完整性的挑战一应答协议的实现方法提出了更多的要求。

数据完整性校验是用户确保自己的数据完整、安全地存储在云服务器上，然而与之对应的还有另一个有趣的安全问题，即数据删除问题。当用户不再使用云存储服务，取回或删除自己存储在云中数据后，云存储服务需要向用户证明其数据在云存储中所有的副本都被删除，以便用户放心。目前，数据删除证明方面的研究主要有DRM（Data Right Management）模型及Vanish模型，这两种模型实现的都是基于时间的文件确保删除技术，主要思路是将文件使用数据密钥加密，再对数据密钥使用控制密钥加密，控制密钥由独立的密钥管理服务（名为Ephemerizer）来维护。当文件删除时，会声明一个有效期，有效期一过，控制密钥就被密钥管理服务删除，由此加密的文件副本将无法被解密，从而实现可靠的数据删除。

3. 数据完整性事故追踪与问责技术

云存储在内的各类云服务均是采用基于合约的服务模式，也即用户和云服务提供商间签订某种形式的契约，用户为使用服务商所提供的存储服务而付出费用，并就服务的相关质量（如数据的访问性能、可靠性、安全性）作某种程度上的保证。但是云服务也可能会面临各类安全风险，这些风险包括滥用或恶意使用云计算资源不安全的应用程序接口，恶意的内部人员作案，共享技术漏洞，数据损坏或泄露，审计、服务或传输过程中的劫持以及在应用过程中形成的其他不明风险等，这些风险既可能是来自云服务的供应商，也可能是来自用户；由于服务契约是具有法律意义的文书，因此契约双方都有义务承担各自对于违反契约规则的行为所造成的后果。一旦发现有不当（违约）行为，还应提供某种机制将来判决不当行为的责任方，使其按照违反契约行为所造成的损失（如重要数据损坏或丢失）承担责任。

可问责性（Accountability）将实体和它的行为以不可抵赖的方式绑定，使互不信任的实体间能够发现并查明对方的不当行为。因此，可问责性是云存储安全的一个核心目标，对于用户与服务商双方来说都具有重要的意义。

目前，这方面的研究工作还是比较少的，大部分研究大都处于提出概念、需求和架构的层面。这其中，问责审计为云的溯源（Provenance for the Cloud）的解决方案较有代表性，其溯源的定义为有向无环图（Directed Acyclic Graph，DAG）来表示，DAG的节点代表各种目标，如文件、进程元组、数据集等，节点具有各种属性，两个节点之间的边表示节点之间的依赖关系。云溯源的技术方案是基于 PASS（Provenance Aware Storage System，溯源感知存储系统）系统的，PASS 是一种透明且自动化收集存储系统中各类目标溯源的系列，其早期是用于本地存储或网络存储系统，它通过对应用的系统操作调用来构建 DAG 图。

该解决方案实质上基于云服务与本地客户端相互配合实现的，由客户端来收集用户操作数据的行为，并通过云服务来记录用户行为以及存储用户的数据目标。值得注意的是，其中使用的云服务：亚马逊的 sos（Amazon Simple Queue Service，亚马逊简单消息服务）服务，sos 是实现分布式计算的消息传递的云服务，可以在其执行不同任务的应用程序的分散组件之间移动数据在本方案中用于更新溯源记录的操作命令消息存储与发送。此外，还使用了数据库的事件概念，事务处理可以确保除非事务性单元内的所有操作都成功完成，否则不会永久更新面向数据的资源。方案使用 sos 和事务概念主要是确保数据溯源记录能精确地描述数据目标的操作过程，保证逻辑上的一致性与完整性。

（二）数据访问控制

随着云计算技术的发展，云平台中数据的访问控制成为越来越关键的问题。由于云计算环境的开放性和弹性，数据在云存储中面临以下问题：一方面一旦将数据置于云端，数据提供者将完全失去对数据的控制，数据的安全性和隐私将面临来自云平台内外多方面的威胁；另一方面，由于云平台会根据实时需求进行动态资源供给，网络范围一直处于被动变化之中，导致访问控制的策略动态变化，不易管理。云计算环境下的数据访问控制问题变得更为复杂，传统的访问控制架构通常假定用户与数据存储服务处于同一安全域，且数据存储服务被视为完全可信，忠实执行用户定制的访问控制策略，但这样的假设在云环境下一般不成立。原因很简单，在云计算环境下，数据的控制权与数据的管理权是分离的，因此实现数据的访问控制只有两条途径。一条是依托云存储服务商来提供数据访问的控制功能，即由云存储服务商来完成对不同用户的身份认证、访问控制策略的执行等功能，在云服务商来实现具体的访问控制。另一条则是采用加密的手段通过对存储数据进行加密，针对具有访问某范围数据权限的用户分发相应的密钥来实现访问控制。这两种方法显然比第一种方法更具有实际意义，因为用户对于云存储服务商的信任度也是有限的，一方面难以保证云服务商能百分之百地遵守其服务条约，按用户制定的访问策略来执行访问控制；另一方面，用户的敏感数据对于云存储服务商也希望是保密的，因此目前对于云存储中的数据访问控制的研究主要集中在通过加密的手段来实现，研究的内容是制定相应的加密算法及相关的访问控制机制。通过加密算法与相关协议的设计来实现数据访问控制的解决方案中主要的缺点在于密钥的分发与管理，特别是在访问权限控制的策略比较复杂的情况下。除了这个缺点外，类似方法还存在一个问题就是授权变更可能会造成整个访问控制结构重建，进一步带来密钥管理方面的困难。Shucheng 等则针对这个问题提出了基于 KP-ABE 及 PRE（ProxyRe-Encryption）的细粒度访问控制技术。采用 KP-ABE 技术，只要用户获取的密钥满足目标文件访问权限树的叶子节点权限要求，就可以计算出加密的文件密文。

三、云计算的虚拟化安全

（一）云计算虚拟化安全威胁分析

1. 虚拟机之间流量不可视

在虚拟化环境中，每台物理机上具有多台的虚拟机，借助虚拟化平台，可以为虚拟机之间提供虚拟交换机通信。对于来自同一个虚拟交换机上的虚拟机，可以实现相互通信。在虚拟机出自不同用户时，极容易引发数据泄露现象。而且以往传统的防护手段处于物理主机的边界，如果一台物理机中的多台虚拟机发生通信，一些流量严重超出了外部安全设备的监控和保护范围。

2. 虚拟机之间存在着资源共享冲突

在虚拟化环境的影响下，因为多台虚拟机共同享用同一种物理机资源，资源竞争现象屡禁不止。如果很难通过正确配置限制单一虚拟机的可用资源，一些个别虚拟机的资源占用现象经常发生，也造成了其他虚拟机拒绝服务。同时，如果利用同一物理机上的虚拟机进行病毒扫描,在物理机资源消耗殆尽时,便会出现宕机,进而出现虚拟机业务中断的情况。

3. 云数据安全风险的出现

其一，海量用户数据集中进行存储，为黑客的入侵和攻击提供了"机会"；其二，大多数租户共享存储资源，用户数据和系统数据均共同保存起来，数据混淆在一起，不利于对重要数据进行可针对性的处理，一旦在对不同用户的存储数据隔离出现问题，将会造成数据泄露风险；其三，虚拟机数据往往以明文方式存储起来，如果遭受到了突如其来的入侵，由于虚拟机之间一些流量很难直接看出来，再加上流量行为审计的严重缺失，黑客会将数据转移到其他虚拟机或外部服务器，用户在短时间内很难察觉到数据已经被盗用。

（二）虚拟化技术存在的安全风险

1. 虚拟环境的新挑战

首先，传统的安全风险依旧存在，病毒传播、数据泄露、恶意代码、DDoS、后门、Rootkit 等，无时无刻不在威胁着虚拟环境。而在虚拟环境中，新技术产生了新的问题，随着虚拟终端的不断增加，带来的一个问题就是资源争夺，运行在同一台主机当中的所有虚拟机会相互争夺有限的物理资源，资源争夺最有可能出现在存储 I/O 或者网络带宽方面。同时，虚拟机之间会产生攻击和防护盲点，一个可能的攻击场景是一个可疑的虚拟机迁移进信任区域，在传统以网络为基础的安全控制措施下，将无法检测到它的不当行为。

2. 虚拟化系统自身的安全问题

Hypervisor 是运行在物理宿主机和虚拟机之间的中间软件层，必定会有一些安全漏洞，包括系统自身的完整性，不断更新功能所产生的新的漏洞，来自外部的攻击等。例如，Linux 平台上的 "VMRUN" 本地权限提升漏洞，攻击者可以利用此漏洞提升在服务端的权限；Hyper jacking rootkit 攻击，在操作系统启动之前先启动 VMM，让原来的操作系统执行在此 VMM 之上，而恶意程序执行在和 VMM 平行的一个操作系统上，原来的操作系统就无法发现这个恶意程序。

3. 虚拟机对等关系中的安全问题

（1）虚拟机逃逸

在虚拟机安全中，有个特殊的漏洞叫作虚拟机逃逸，指的是一个精明的攻击者能够突破虚拟机，获得管理程序并控制在主机上运行的其他虚拟机。AstroArch 咨询公司总裁和首席顾问 Haletky 认为：目前所有公开的逃逸对用于服务器虚拟化的主要管理程序都是无效的，如 vSphere、XenServer 和 Hyper-V。其实虚拟机本质上是运行在操作系统上的应用软件，只不过这个应用软件会独立地运行另外一个操作系统。一旦攻击者获得 Hypervisor 权限，便能够利用 Hypervisor 执行恶意代码，从而控制宿主机下面的所有虚拟机，甚至可以侵入网络内部，影响整个云安全。

（2）虚拟机跳跃

在同一个系统中的虚拟机是通过网络连接共享宿主服务器资源，包括 CPU、内存等，这样便给虚拟机跳跃攻击提供途径，恶意程序通过这种共享方式去尝试控制其他虚拟机，虚拟机系统的通信遭到破坏。

4. 虚拟机管理过程中所带来的安全问题

①管理员由于业务不熟悉或者失误造成的虚拟机系统的配置错误，这种情况就像服务器密码设置太简单一样，在虚拟机环境中的配置漏洞更容易被攻击。

②管理网络与应用网络没有进行有效的隔离，通常虚拟机管理网络是有严格限制，仅有固定的白名单用户才能进行访问，有的应用单位没有配置专门的管理网络，和应用网络共用一网，将应用网络面向大众，这样变相把管理网络暴露在公共场合。

③普通的软件包括操作系统存在大量的安全漏洞。操作系统无论是 windows 还是 Linux，都存在各种各样的安全漏洞，同样，多年以来，在计算机软件（包括来自第三方的软件，商业的和免费的软件）中已经发现了不计其数能够削弱安全性的缺陷（bug）。这些漏洞是虚拟机系统中的单元应用单位，影响着虚拟化技术的安全。

（三）虚拟化安全对策

云计算应用是 IT 产业的高速发展所带来的新型运维概念和服务概念，同样也面临着各种各样的安全问题，一方面是 IT 的传统安全问题，另一方面是虚拟化技术自身所带来的安全问题，以下提出对应的虚拟化安全对策。

1. 传统的安全手段

传统的安全防护手段在虚拟化技术里可以继续发挥作用。每个虚拟化服务器从传统角度看是一个脱离硬件资源约束的独立服务应用系统，同样受到传统服务器的安全威胁，所以做好服务器日常安全防护必不可少。

（1）日志审计

在一个完整的信息系统里面，日志系统是一个非常重要的功能组成部分。在安全领域，日志可以反映出很多的安全攻击行为，如登录错误、异常访问等。日志还能提供很多关于网络中所发生事件的信息，包括性能信息、故障检测和入侵检测。有条件的情况下可以设置 hips 监控。hips 监控是基于主机的入侵防御系统，它能监控电脑中文件的运行和对文件的调用，以及对注册表的修改。

（2）认证和鉴别机制

当用户需要访问服务器时，用户名和密码在大多数情况下是唯一需要的识别数据。而在服务器安全控制体系里，用户需要通过一个加密的安全性令牌来进行特殊的访问服务，如认证证书的下载和鉴别。

（3）管理流程

服务器管理工作必须有一套规范严谨的管理流程。常见的管理工作包括服务器定期的安全性能检查、服务器的日常监控、定期数据备份、相关日志操作、密码定期更改、系统补丁修补工作等。

2. 虚拟化系统自身安全防护对策

虚拟化是一门新兴的技术，其所衍生的自身安全问题尤为重要，Hypervisor 和虚拟机的安全防护的研究成为专业技术人员研究的重点项目。

（1）Hypervisor 自身系统漏洞的及时修补

虚拟化系统中每一次技术更新都会在软件层中产生新的安全漏洞，几个主机虚拟机管理系统 VMware、Hyper-v、Xen 等更新产生的漏洞都会对整个云系统产生安全威胁，除了及时上系统安全漏洞的补丁，也可以在网卡层上设置虚拟防火墙来监控虚拟机之间的流量交换，以起到过滤和保护作用；在 Hypervisor 中引入资源管理控制，保证高优先级虚拟机优先使用；将主机资源进行资源池划分，使不同资源池的虚拟机只能访问所在资源池的资源，防止拒绝服务的危险。

（2）锁定管理层网络访问

管理网络和应用网络应该相互隔离，限制对管理功能未经授权访问的风险，以应对虚拟机逃逸和虚拟机跳跃所带来的安全隐患。在不同虚拟机之间，用防火墙进行隔离和防护，确保只能处理许可的协议；在主机和虚拟机之间使用 IPSEC 或强化加密，防止虚拟机和主机之间通信被嗅探和破坏；要进行虚拟机之间的通信，可以使用一个在不同网络地址上的独立网络接口卡，这比将虚拟机之间的通信直接推向暴露的网络要安全。下面提出具体可实施的安全隔离方法，把整个虚拟化平台划分成一个或多个集群，每个集群分配一个大的子网；接着在所有宿主机上建立一组默认的防火墙规则，默认隔离与其他子网之间的通信；当用户向云平台提交创建虚拟机请求时，云平台自动给用户分配到某个大集群，并在此大集群所属的大子网下给该用户建立一个子网；同时，把虚拟机的虚拟网络接口加入默认的防火墙规则下实现隔离的约束；当该用户再次创建虚拟机时，虚拟机的 IP 地址设置成同一个集群内的同一个子网，同时也把虚拟机的虚拟网络接口加入默认的防火墙规则下；再将 MAC 地址与 IP 地址绑定。这样避免了虚拟机之间相互攻击，可以用于虚拟机的安全隔离。

四、云计算的服务传递安全

（一）云计算服务传递安全的概述

云计算的四种模式，即 IaaS、PaaS、DaaS、SaaS，都是通过网络向远方的用户传递各类云服务的。云计算这种服务模式显然会受到来自网络的攻击，特别是公有云，在开放的网络环境中传递各类服务更会面临各类安全威胁。从总体上分析云计算服务传递所面临的安全威胁，可以将这些安全威胁分为两类：一类是传统的网络安全威胁；另一类是云计算模式建立后，由于云计算模式的特点使得一些已有比较好的安全解决方案的问题变得复杂化，这方面最为突出的问题就是访问控制，云计算的服务使用与所有者分离、云计算的组合及云计算联盟都使得云计算中访问控制面临着新的挑战。

在分析云计算服务传递安全问题时，区分公有云和私有云是很必要的，因为在公有云中会有新的攻占、漏洞，用户对云计算系统的掌握能力大幅降低，用户数据所处理的信息安全环境将发生剧烈的变化。当选择使用私有云时，虽然 IT 构架可能会有变化，但常用的网络拓扑变化并不大。但是当选择使用公有云服务时，必须考虑到公共网络，尤其是公共云平台创建的随时可能变化的虚拟网络环境下，服务传递可能面临的重大安全风险，采用一定安全保障措施，至少能确保实现以下三个方面的安全目标。

①可信性与完整性保障目标。确保公共云中发送和接收到的中转数据的可信性和完整性。保障用户敏感的数据与资源，不允许这些信息资源出现在一个属于第三方云服务商的可分享的公共网上。

②可靠访问控制保障目标。确保在公有云中使用的任何资源访问控制（认证、授权、审计）的合理性。只能允许拥有合法权限的用户访问其权限允许范围内的数据，这是信息安全保障的基本目标，访问控制在云计算环境下变得更为复杂。

③可用性保障目标。该目标确保公有云中使用或已经分配的面向互联网的资源可用性。可用性是云计算向其用户提供服务的承诺，云计算可能面临的可用性攻击有前缀挟持、DNS 层病毒攻击、拒绝服务（DoS）和分布式拒绝服务攻击（DDoS）。

针对上述三个方面的安全目标，其中可信性与完整性保障目标，在云计算的技术前源中 Web 服务，SOA 架构技术中针对远程的服务数据传递已有一段时间的研究并取得了一定的研究成果，第二个云计算环境下的访问控制则是云计算安全研究的热点，目前有相当多研究工作和研究成果；第三个目标接近于传统的网络安全问题，其研究的重心侧重于在利用云计算环境实现对服务传递的可用性解决。

（二）云服务传递的可信性与完整性保障

云计算上层的应用服务传递核心的技术仍然采用的是 Web 服务架构但是云计算中突出了多租户的概念。租户与用户的概念不同，租户强调的是面向企业的应用，一般应用是部署在企业内部的，但只要这个应用具备相对独立的安全保证及专用的虚拟计算环境，都可以称为租户，即使其部署在企业外部。"用户"是指这个应用的使用者个租户可以有多个用户。在云计算环境下的服务传递可信性与完整性保障，也可以看成多租户环境下的 Web 服务的可信性与完整性保障。

对应于与 OSI 模型的 Web 服务传递的安全分析，可将 Web 服务的传递安全分为四个层次。

①网络层安全。这部分安全威胁主要是防御来自网络传输层次的攻击。防御的手段即是传统的防火墙、入侵检测等网络安全设备与工具。

②传输层安全。这部分安全威胁主要是开放性网络下数据窃听、数据重放等攻击使用

的防御手段主要是 SSL/TLS 机制，通过网络数据加密算法以及加密算法来保障服务传输的两个端点之间的数据保密性与完整性。

③消息层的安全。虽然 SSL/TLS 可以保障两个传输端点之间的安全，但由于 Web 服务消息经常会经过多个服务端点的中转，也就是多跳实现服务消息传递，每一跳都需要对消息包进行解析与重新封装，这是 Web 服务必须要解决的安全问题。

④应用层的安全问题。这方面的问题主要是客户端的应用软件安全问题，可以通过用户身份认证、应用程序的完整性校验等技术手段加以防范。

从上面的分析可以看出，Web 服务中主要的安全问题来自消息层的安全，原因在于 web 服务，以及后续的 SOA 架构软件技术、云计算模式，所有的消息都是使用 SOAP（Simple Object Access Protocol，简单对象访问协议）作为消息传递的基本封闭协议。SOAP 是一种轻量、简单、基于 XML 的协议。SOAP 消息基本上是从发送端到接收端的单向传输，在 Web 上交换结构化的和固化的信息，执行类似于请求 / 应答的模式。所有的 SOAP 消息都使用 XML 编码。

SOAP 消息可以使用 HTTP 或其他协议进行传输，但是 SOAP 本身并不提供任何与安全相关的功能。底层传输层是可以使用 SSL/TLS 机制等手段实现消息的认证与加密传输，但是 SSL/TLS 机制只是实现网络中两个直接交互的节点之间的信息安全保障，而 SOAP 消息从用户到服务方之间可能会经过多次跳转，每个中介点在不同的应用场景下都有可能需要解析 SOAP 消息、分析转发的目标等，因此 SOAP 消息要实现的不是 SSL/TLS 机制能满足的点到点的安全（Point-to-point Fashion），而是从用户到服务的端到端保护（End-to-end protection）。

安全架构中包括一个 WS-Security 的消息安全性模型、一个描述 eb 服务端点策略的（Ws-Policy）、一个信任模型（Ws-Trust）和一个隐私权模型（WS-Privacy）。在这些规范的基础上，可以跨多个信任域创建安全的、可互操作的 web 服务，还可以提供后续规范，如安全会话（WS-Secure Conversation）、联合信任（wsFederation）和授权（WS-Authorization）。安全性规范、相关活动和互操作性概要文件组合在一起，将方便开发者建立可互操作、安全的 Web 服务。其中核心的组成部分所实现的功能以下。

① WS-Security。描述如何向 SOAP 消息附加签名和加密报头。另外，它还描述如何向消息附加安全性令牌（包括二进制安全性令牌）。

② WS-Policy。将描述中介体和端点上的安全性（和其他业务）策略的能力和限制如所需的安全性令牌、所支持的加密算法和隐私权规则。

③ WS-Trust。将描述使 Web 服务能够安全地进行互操作的信任模型的框架。

④ WS-Privacy。将描述 Web 服务和请求者如何声明主题隐私权首选项和组织隐私权实践声明的模型。

由于 SOAP 消息本身是基于 XML 的，因此 Ws-Security 架构中很自然地采用 XML 加密相关的技术，来实现对 SOAP 消息的扩展，把一些安全元素加入 SOAP 消息中以保证服务调用的安全（消息的机密性、完整性、用户审计认证权限策略等），达到 SOAP 消息传递乃至 Web 服务安全的保障目标。这其中 XML 加密技术主要是指对那些以 XML 格式存储或者传递的数据进行加密，而不必关心用什么具体的安全技术（如数字签名、对称私钥、非对称加密等）。对于 XML 文档来说，加密的方式可以是对整篇文档进行加密，也可以是针对某个元素（Tag）或者元素的内容进行加密。

XML 相关的安全技术标准有 W3C 和 IETF 共同发布了 XML 数字签名规范（XMLSignature Specification），旨在实现完整性和审计功能。W3C 还发布了一个 XML 加密规范（XML Encryption），规范了如何使用加密技术保证 XML 数据的机密性。使用的安全技术包括非对称加密（Asymmetric Cryptography）、对称加密（SymmetricCryptography）、消息摘要（Message Digests）、数字签名（Digital Signatures）及证书（Certificates）。

具体来说，WS-Security 规范为 Web Service 应用的安全提供了三种保证：

①消息完整性 WS-Security 使用 XML Signature 对 SOAP 消息进行数字签名，保证 SOAP 消息在经过中间节点时不被篡改。

②消息加密 Ws-Security 使用 XML-Encryption 对 SOAP 消息进行加密，保证 SOAP 消息即使被监听，监听者也无法提取出有效信息。

③单消息认证 WS-Security 引入安全令牌（Security Token）的概念，安全令牌代表 Web 服务请求者的身份，通过和数字签名技术结合，服务提供者可以确认 SOAP 消息由合法的服务请求者产生。

（三）云服务传递的可用性保障

可用性作为信息安全的三要素（完整性、秘密性、可用性）之一，表现在云服务平台可以按与用户签订的协议要求，提供相应的服务。可用性保障一方面是采用技术手段，保障在云计算系统发生技术性故障或物理灾难时具有抗灾性，仍然可以提供基本质量的服务，这方面的技术手段包括容灾冗余备份、异地备份等；另一方面则保障云平台面对来自网络的恶意攻击时，仍能保障系统平稳地向外部用户提供服务。

上述的可用性保障的故障恢复与容灾方面，云计算平台本身具有天然的优势，因为云计算平台一般都是大规模的计算中心，这些计算中心从基础的设备建设到上层的服务器部署，网络部署都有相应的抗灾方案，因此云计算平台最主要的是防范通过公开网络对云计算平台发动的攻击。

除了传统的网络攻击，如黑客攻击、漏洞扫描、入侵等手段，对云平台威胁最大的是 DDoS 攻击，DDos（Distributed denial of service，分布式拒绝服务攻击）是 DDoS 的一种当多个处于不同位置的攻击源同时向一个或多个目标发起攻击，致使目标机或网络无法提供正常服务，就称其为分布式拒绝服务攻击。与其他攻击方式利用系统不同，在风暴类型的 DDoS 攻击中，有相当一部分是利用了 TCP/TP 协议的固有缺陷。

DDoS 攻击对基于网络传递服务的计算模式影响很大，特别是在云计算的环境下，有很多企业选择使用云服务及虚拟化数据中心，企业基础设施及存储大量数据的虚拟数据中心成为 DDoS 攻击的重要目标。由于多租户的普及，针对企业资源发起的 DDoS 攻击，还可能产生连锁反应，牵连采用该企业主机托管的租户。由于 DDos 攻击是利用 TCP/IP 协议的固有缺陷，因此很难设计一个完善的解决方案，Bansidhar Joshi 等则提出一个运用回溯的方式去寻找 DDoS 攻击的方法。

这个方案实现的基本思路是在使用一个基于 SOA 的方式实现对 DDos 攻击源的回溯技术方案，称为 CTB（Cloud trace back architecture，云回溯架构）。其中 CTB 是部署在云服务的边界路由器上，基本的功能使用的是 DPM（Deterministic Packet Marking. 确定性的包标识）算法对进入云边界的所有数据包进行标识，使用 IP 数据包中的 D 域和保留的区域放置 CTM（Cloud Trace back mark，云回溯标识）到数据包的包头中。每个进入边界的数据包都会加上标记，并且在传输过程中保留标记不变。

CTB 部署的位置在云计算服务平台的 Web 服务器前，一旦有 DDoS 攻击发生，攻击者向云计算服务发送的数据包就会加上标记，传送给 Web 服务处理，Bansidhar Joshi 给出的方案中使用了 BP 神经网络的算法来检测和过滤 DDoS 攻击的数据包。一旦发生有 DDoS 攻击存在，即可使用回溯算法，根据攻击包中标识，找到攻击的源点，从而阻止 DDoS 攻击的进一步发生，在 DDoS 攻击产生重大的影响之前阻止攻击。

第七章　大数据技术的发展趋势与未来

大数据在未来的发展中挑战和机遇并存，大数据将从前几年的膨胀阶段、炒作阶段转入理性发展阶段、落地应用阶段，大数据在未来几年将逐渐步入理性发展期。目前，大数据已成为继云计算之后信息技术领域的另一个信息产业的增长点，各国政府都在积极推动着大数据技术的发展，但大数据目前的发展仍然面临着很多问题，安全与隐私问题是人们公认的关键问题。本章就从大数据的发展趋势方面，对大数据的安全与隐私问题、大数据挖掘以及大数据在高校发展中的应用进行研究。

第一节　大数据信息安全与信息道德

一、数据安全与隐私保护的现状

当今，社会信息化和网络化的发展导致数据爆炸式增长。大数据技术的发展为数据价值的发掘提供了舞台，也产生了新一轮的数据安全与隐私保护问题。数据的价值越来越重要，大数据隐私与安全也将会逐渐被重视。数据技术的应用在生活中随处可见。例如，当用户通过微信扫描二维码并转发信息时，大数据分析工具会捕捉到用户的消费习惯及个人喜好，同时对用户需求进行分析和预测，通过分析结果为用户提供更多服务，在公众知情或不知情的情况下提供了自己的数据，于是安全问题也由此产生。网络和信息化生活也使得犯罪分子更容易获取关于他人的信息，也有更多的骗术和犯罪手段出现。多项实际案例说明，即使无害的数据被大量收集后，也会暴露个人隐私。人们在互联网上的一言一行都尽在互联网商家的掌握之中，包括购物习惯、好友联络情况、阅读习惯、检索习惯，甚至饮食起居习惯等。

事实上，大数据安全含义更为广泛，人们面临的威胁不仅限于个人隐私的泄露。与其他信息一样，大数据在产生、获取、传输及存储等过程中面临着诸多安全风险，具有强大的数据安全与隐私保护的需求。而实现大数据安全与隐私保护，较以往安全问题（如云计算中的数据安全）更为棘手。这是由于在云计算中，虽然很多服务提供商控制了数据的存储与运行环境，但是用户仍然有办法保护自己的数据，例如通过密码学的技术手段实现数据安全存储和安全计算，或者通过可信计算方式实现运行环境的安全等。而在大数据的背景下，Facebook、淘宝、腾讯等商家即是数据的生产者，优势数据的存储、管理者和使用者，因此，单纯通过技术手段限制商家对用户信息的使用，完成用户隐私保护是极其困难的事情。

现在是大数据发展的重要时期，信息安全是大数据发展过程中无法避免的巨大挑战。很多消费者在不知情的情况下被相关公司搜集、窃取到了个人信息。更令人担忧的是，中国尚未出台个人信息保护法，只有部分法律法规中零散提及个人信息安全。因为没有上位法，很多与大数据相关的活动的合法性便无从说起。目前，只能希望企业在运用大数据技术获得利润的同时重视信息安全问题，能够做好相应的防范与保护措施，保护消费者的隐私。

二、大数据下隐私的新特点

（一）大数据时代下的隐私为数据化隐私

在大数据时代下，隐私也有其独特的特点。与传统的隐私不同，大数据时代下的隐私最大的特点就是隐私的数据化，也就是说，隐私是以个人数据的形式而出现的。所谓"个人数据"，指的就是被识别或可识别的自然人的任何信息。对于人们的个人隐私来说，数据是其在网络环境中的唯一载体，而相较于以往人们认知中的网络数据而言，大数据的规模更加庞大，是一种具有"4V"特征的数据集合，这说明了大数据的真实可靠性，同时也代表着可以对个人进行全方位识别，例如近年来所流行的一个词语"人肉搜索"，指的就是利用大数据对个人隐私数据进行识别的一种行为。

（二）大数据时代下的隐私具有更大化的价值

无论根据目前实际情况而言，还是就本质的角度来看，个人隐私都正从一种用户的个人独占资源而逐渐转变为可利用的资源。在大数据时代下，个人隐私已然成了一种新型商品，它可以被买卖，且具有较高的价值。其实隐私数据被买卖泄漏的例子在日常生活中非常多见，例如很多人们都会时不时地接到一些企业推销电话或广告短信等，而商家之所以会知道用户的电话、姓名及需要，就是因为通过某种渠道而购买到了用户的个人信息。

（三）大数据时代下隐私的泄漏途径更加隐匿

大数据的出现无疑方便了人们的工作和生活，它最大的魅力就在于数据的多维性及数据之间的关联性和交叉性，这让一些原本看起来毫无关联的信息具有了紧密的联系，而利用这样的关系，再借助某些相关工具，有心者很容易就能挖掘出很多让人意想不到的隐私信息。例如，有些狗仔队就经常会根据明星在博客上所发布的图片而判断其住址，这无疑大大地侵犯了明星的个人隐私权，这种现象是非常令人震惊和恐怖的，因为人们往往根本还没意识到自己是在哪里不小心泄漏了自己的个人信息，个人信息就已经全面暴露在了别人的目光下，可以说，大数据时代让人们变成了一个透明体，时时刻刻都处于隐私可能被暴露的状态下。

三、大数据带来的安全挑战

科学技术是一把双刃剑，大数据所引发的安全问题与其带来的价值同样引人注目。与传统的信息安全问题相比，大数据安全面临的挑战性问题主要体现在以下几个方面。

（一）大数据中的用户隐私保护

大量事实表明，大数据未被妥善处理会对用户的隐私造成极大的侵害。根据需要保护的内容不同，隐私保护又可以进一步被细分为位置隐私保护、标识符匿名保护、连接关系匿名保护等。

人们面临的威胁并不仅限于个人隐私泄漏，还有基于大数据对人们状态和行为的预测。一个典型的例子是某零售商通过历史记录分析，比家长更早知道其女儿已经怀孕的事实，并向其邮寄相关广告信息。而社交网络分析研究也表明，可以通过其中的群组特性发现用户的属性，例如通过分析用户的 Twitter 信息，可以发现用户的政治倾向、消费习惯以及喜好的球队等。

当前企业常常认为经过匿名处理后，信息不包含用户的标识符，就可以公开发布了。但事实上，仅通过匿名保护并不能很好地实现隐私保护目标，例如，AOL 公司曾公布了匿名处理后的 3 个月内部分搜索历史，供人们分析使用。虽然个人相关的标识信息被精心处理过，但其中的某些记录项还是可以被准确地定位到具体的个人。纽约时报随即公布了其识别出的 1 位用户，编号为 41749 的用户是 1 位 62 岁的寡居妇人，家里养了 3 条狗，患有某种疾病，等等。另一个相似的例子是，著名的 DVD 租赁 Netflix 曾公布了约 50 万用户的租赁信息悬赏 100 万美元征集算法，以期提高电影推荐系统的准确度。但是当上述信息与其他数据源结合时，部分用户还是被识别出来了。研究者发现，Netflix 中的用户有很大概率对非 top100、top500、top1000 的影片进行过评分，而根据对非 top 影片的评分结果进行匿名化攻击的效果更好。

目前，用户的隐私安全主要面临以下几方面的问题。

1. 网站和软件中的强制性条款导致隐私泄漏

目前网络上一些网站在注册时，或是一些大的应用程序在安装时，都会强制性地出现一些对于用户地理位置、个人信息、网络通信及日志数据等内容的许可条款，用户如果不接受这些条款，就无法注册网站或是使用程序。而作为商家，虽然给予了用户这方面的知情权，却并未给予其选择权，用户往往为了一些必要的服务而不得不接受隐私泄漏这一事实。

2. 用户自我泄露隐私数据

随着网络通信的日渐进步，人们越来越热衷于使用微信、微博等社交工具，因为这些社交工具能够将天南海北志趣相投的人聚集起来，使人们认识更多的同好进行交流。然而，虽然社交工具丰富了人们的日常生活、方便了人们的交友，但也潜藏着许多暴露个人信息的危险，许多用户都会毫无顾忌地在社交网站上发布自己的个人信息，如购物内容、手机型号、个人照片甚至家庭住址等，这无疑是将自己的隐私赤裸裸地泄露在大众面前。

3. 企业由于利益驱使而主动挖掘用户隐私

现如今，大数据技术已经在各行各业得到了广泛运用。例如在制造业中，可以利用大数据来对采购量及合理库存量进行分析，可以对客户的需求进行全方面了解以掌握市场动向，或是直接利用互联网建立网上平台，从而更加精准地了解客户的喜好。然而，随着隐私数据所能够带来的价值和利益越来越大，越来越多的企业开始想尽办法挖掘用户更多的个人隐私。

目前，用户数据的收集、存储、管理与使用等均缺乏规范，更缺乏监管，主要依靠企业的自律。用户无法确定自己隐私信息的用途，而在商业化场景中，用户应有权决定自己的信息如何被利用实现用户可控的隐私保护，例如用户可以决定自己的信息何时以何种形式披露，何时被销毁。其包括：①数据采集时的隐私保护，如数据精度处理；②数据共享、发布时的隐私保护，如数据的匿名处理、人工加扰等；③数据分析时的隐私保护；④数据生命周期的隐私保护；⑤隐私数据可信销毁等。

（二）大数据的可信性

关于大数据的一个普遍的观点：一切以数据说话，数据本身就是事实。但实际情况是必须要加以甄别，因为数据也会欺骗用户，就像我们有时候会被眼见为实所欺骗一样。

大数据可信性的威胁之一是伪造或刻意制造的数据，而错误的数据往往会导致错误的结论。若数据应用场景明确，就可能有人刻意制造数据、营造某种"假象"，诱导分析者得出对其有利的结论。由于虚假信息往往隐藏于大量信息中，使得人们无法鉴别真伪，从而做出错误判断。例如，一些点评网站上的虚假评论，混杂在真实评论中使得用户无法分辨，可能误导用户选择某些劣质商品或服务。由于当前网络社区中虚假信息的产生和传播变得越来越容易，其所产生的影响不可低估。用信息安全技术手段鉴别所有来源的真实性是不可能的。

大数据可信性的威胁之二是数据在传播中的逐步失真。原因之一是人工干预的数据采集过程可能引入误差，由于失误导致数据失真与偏差，最终影响数据分析结果的准确性。此外，数据失真还有数据的版本变更的因素。在传播过程中，现实情况发生了变化，早期采集的数据已经不能反映真实情况。例如，企业或政府部门电话号码已经变更，但早期的信息已经被其他搜索引擎或应用收录，所以用户可能看到矛盾的信息而影响其判断。

因此，大数据的使用者应该有能力基于数据来源的真实性、数据传播途径、数据加工处理过程等，了解各项数据可信度，防止分析得出无意义或者错误的结果。

四、大数据时代下的隐私保护技术

（一）数据溯源技术

早在大数据出现之前，数据溯源技术就已经得到了十分广泛的应用。该技术能够帮助用户对数据的来源进行确定，从而对数据的分析结果进行检验，同时对数据进行更新。在数据溯源技术当中，最为基本的方法就是标记法。在长时间的不断应用和发来展中，逐渐流变为 where 和 when 两种不同的模式，分别侧重数据的出处和计算方法。在文件的恢复和溯源过程中，该项技术能够更发挥出极大的作用，同时，还可在云存储场景中得到应用。目前，数据溯源技术已经被列为保护国家安全的三大重要技术之一，在大数据时代下的数据信息安全领域中，有巨大的发展前景和宽阔的发展空间。

（二）数据发布匿名保护技术

对于大数据中的结构化数据而言，数据发布匿名保护技术是对大数据中结构化数据实现隐私保护的核心关键与基本技术手段，目前仍处于不断发展与完善阶段。K 匿名方案 k-匿名技术要求发布的数据中存在一定数量（至少为 k）的在准标识符上不可区分的记录，使攻击者不能判别出隐私信息所属的具体个体，从而保护了个人隐私。在一定程度上保护了数据的隐私，能够很好地解决静态、一次发布的数据隐私保护问题，但不能应对数据连续多次发布、攻击者从多渠道获得数据的问题的场景。

（三）社交网络匿名保护技术

社交网络产生的数据是大数据的重要来源之一，同时这些数据中夹杂着大量用户隐私数据。由于社交网络具有图结构特征，其匿名保护技术与结构化数据有很大不同。

社交网络中的典型匿名保护需求为用户标识匿名与属性匿名（又称点匿名），在数据发布时隐藏了用户的标识与属性信息；以及用户间关系匿名（又称边匿名），在数据发布时隐藏用户间的关系。而攻击者试图利用节点的各种属性（度数、标签、某些具体连接信息等），重新识别出图中节点的身份信息。目前有两种解决方案：一个是边匿名方案多基于边的增删，用随机增删交换边的方法有效地实现边匿名；另一个重要思路是基于超级节点对图结构进行分割和集聚操作。

（四）身份认证技术

身份认证技术能够对用户及其使用设备的行为数据进行收集和分析，获取其具体的行为特征。然后，利用获取的这些特征，对用户和使用设备的行为进行验证，对用户身份进行认证。身份认证技术能够较为有效地减少和避免黑客的攻击，降低用户的负担，同时，还能够对不同系统的认证机制进行统一。

（五）数据水印技术

数字水印是指将标识信息以难以察觉的方式嵌入在数据载体内部且不影响其使用的方法，多见于多媒体数据版权保护。也有部分针对数据库和文本文件的水印方案。存在一个前提是当前方案多基于静态数据集，针对大数据的高速产生与更新的特性考虑不足，数据中存在冗余信息或可容忍一定精度的误差。

（六）角色挖掘技术

在最初的以相关角色为基础进行访问控制的相关技术当中，采取的是自上向下的管理模式，即按照企业的角色，进行角色分工。其后则采取了自下向上的管理模式，即以当前角色为基础，优化和提取角色，也就是实现角色的挖掘。根据用户的实际情况，该项技术能够对角色进行自动生成，从而及时地提供个性化服务，第一实践发现用户异常，发现潜在的危险。

（七）风险自适应的访问控制

风险自适应的访问控制是针对在大数据场景中，安全管理员可能缺乏足够的专业知识，无法准确地为用户指定其可以访问的数据的情况。目前，现有的解决方案为基于多级别安全模型的风险自适应访问控制解决方案、基于模糊推理的解决方案等。但在大数据环境中，风险的定义和量化都比以往更加困难。

五、大数据时代下的隐私保护措施

（一）加强隐私保护机构建设

目前，美国、俄罗斯、日本等发达国家已经设立了比较完善的隐私保护机构，用于专门保护包括网络隐私在内的各种隐私内容。这些隐私保护机构既具有宣传教育和法的作用，又具有执法功能。而就我国来看，虽然目前也有一些机构负责隐私保护事务，如国务院、公安部、工信部等，然而却缺少专门的隐私保护机构，因此，也无法满足当前人们常对大数据隐私保护的迫切需求。

（二）引导企业合理利用隐私数据

对于大数据隐私保护问题而言，堵不如疏，越是强制性地禁止企业及相关组织利用隐私数据，它们越是会为了利益而暗地里进行使用；而如果不强制性地禁止这一行为，反而对其加以合理引导的话，则会达到双赢的局面。因此，国家应当尽快完善相关法律，明确隐私数据的可使用范围，划分隐私安全等级，允许在保障用户安全的基础上适当使用隐私数据获取一定的利益，这也是促进国家经济发展的一项有效举措。

（三）加强隐私保护宣传教育

由于很多个人隐私都是用户自己在没注意的情况下主动泄漏出去的，所以若想加强隐私保护，还需要加强人们的隐私保护意识。国家和社会上的有关组织应当要加大对隐私保护的宣传，使人们了解隐私泄漏可能会带来的危害，提醒人们不要随意在网络上发布自己的个人信息，从而在根源上切断隐私泄漏来源。

六、信息道德

（一）信息道德的概念与内涵

信息道德又称信息道德伦理，是指在信息的采集、加工、存储、传播和利用等各个环节中，用来规范期间产生的各种社会关系的道德意识、道德规范和道德行为的总和。它通过社会典论、传统习俗，使人们形成一定的信念、价值观和习惯，从而使人们自觉地通过自己的判断来规范自己的信息行为。信息道德也可以看作调整人们之间以及个人和社会之间信息关系的行为规范的总和。

信息行为是最基本的人类社会行为，它是信息制造者、信息服务者和信息使用者的信息行为的规范。它不同于传统道德的特征主要在于：它是以传统道德为原型，建立在电子信息网络的基础上，是信息技术的派生物，其包括网络行为，也包括基于传统媒体（如报纸、杂志、书籍等）和其他电子媒体（如电视、广播等）的信息行为，所以信息道德包含网络道德，网络道德是其最重要的组成部分。

（二）信息道德教育的内容体系

信息道德的内容可概况为两个方面、三个层次。两个方面是指主观方面和客观方面。主观方面指人类个体在信息活动中以心理活动形式表现出来的道德观念、情感、行为和品质，即个人信息道德。例如对信息劳动的价值认同，对非法窃取他人信息成果的批判等。

客观方面指社会信息活动中人与人之间的关系以及反映这种关系的行为准则与规范，即社会道德行为。例如扬善抑恶、权利义务、契约精神等。所谓三个层次，是指信息道德意识、信息道德关系和信息道德活动。

信息道德意识包括与信息相关的道德观念、道德情感、道德意志、道德信念、道德理想等。它是信息道德行为的深层心理动因，集中地体现在信息道德原则、规范和范畴之中。

信息道德关系包括个人与个人的关系、个人与组织的关系、组织与组织的关系。这种关系是建立在一定的权利和义务的基础之上，并通过一定的信息道德规范形式表现出来的。例如联机网络条件下的资源共享，网络成员既有共享网上信息资源的权利，也要承担相应的义务，遵循网络的管理规则。成员之间的关系是通过大家共同认同的信息道德规范和准则维系的。信息道德关系是一种特殊的社会关系，是被经济关系和其他社会关系所决定、所派生出来的人与人之间的信息关系。

信息道德活动包括信息道德行为、信息道德评价、信息道德教育和信息道德修养等。信息道德行为是人们在信息交流中所采取的有意识的、经过选择的行动；根据一定的信息道德规范对人们的信息行为进行善恶判断即为信息道德评价；信息道德教育是按一定的信息道德理想对人的品质和性格进行陶冶；信息道德修养则是人们对自己的信息意识和信息行为的自我解剖、自我改造。

（三）信息道德的培养

信息道德作为一种规范信息行为的有效手段，其培养并非一朝一夕的事，也不是学校教育单方面能够胜任的，它需要学校、家庭、社会三方面的协同努力。结合信息道德的内容（即主观方面和客观方面），信息道德学校教育也可以从主观和客观两个方面开展。

1. "一主多辅"模式

信息道德的学校教育，也不仅仅是信息技术教师所能独自承担的，同样需要其他各科教师的协同配合，所以在开展信息道德学校教育的时候应采取"一主多辅"的模式，即信息技术教师承担主要的任务，通过认真落实信息技术教育中信息道德的课程目标来完成信息道德学校教育的任务。除此之外，信息技术教师需要承担起对其他任课教师的信息道德的培训和教研工作，使其他任课教师深切地认识到信息道德的重要性，其所包含的内容以及如何将信息道德教育穿插在自己的课程当中。

在接受培训和进行了一定的教研工作之后，其他任课教师则在实际的学习生活当中潜移默化地将信息道德教育加入到自己的课程当中。如此一来，"一主多辅"的信息道德学校教育模式可以从多方面、多角度开展，效果会更加理想。

2. 让学生从主观上认识信息道德

教师通过"一主多辅"模式进行的信息道德教育，往往是通过社会价值去判断的，是对学生进行信息道德教育的客观性教育，然而，信息道德教育的目标是要让学生首先从主观上真正地认识和接受信息道德。因此，应该多创造一些任务驱动式的活动、协作学习式的活动（如利用信息技术，制作信息道德专题网站，宣传信息道德）来使学生切身感受到信息道德。

第二节　大数据挖掘的发展趋势

一、数据挖掘的概述

数据挖掘（Data Mining）就是从大量、不完全、有噪声、模糊、随机的实际应用数据中，提取隐含在其中的、人们事先不知道的但又是潜在有用的信息和知识的过程。从商业角度来讲，数据挖掘是一种新的商业信息处理技术，其主要特点是对商业数据库中的大量业务数据进行抽取、转换、分析和其他模型化处理，从中提取辅助商业决策的关键性数据。

数据挖掘其实是一类深层次的数据分析方法。数据分析本身已经有很多年的历史，只不过在过去数据收集和分析的目的是用于科学研究，另外，由于当时计算能力的限制，对大数据量进行分析的复杂数据分析方法受到很大限制。现在，由于各行业业务自动化的实现商业领域产生了大量的业务数据，这些数据不再是为了分析的目的而收集的，而是为了纯商业运作而产生，分析这些数据也不再是单纯为了研究的需要，更主要是为商业决策提供真正有价值的信息，进而获得利润。但所有企业面临的一个共同问题：企业数据量非常大，而其中真正有价值的信息却很少，因此从大量的数据中经过深层分析，获得有利于商业运作、提高竞争力的信息，就像从矿石中淘金一样，数据挖掘也因此而得名。

因此，数据挖掘可以描述为：按企业既定业务目标，对大量的企业数据进行探究和分析，揭示隐藏的、未知的或验证已知的规律性，并进一步将其模型化的先进有效的方法。

二、大数据挖掘的内容

（一）数据挖掘的任务

数据挖掘的任务主要是关联分析、聚类分析、分类、预测、时序模式和偏差分析等。

1. 关联分析

两个或两个以上变量的取值之间存在某种规律性，就称为关联。数据关联是数据库中存在的重要的、可被发现的知识。关联分为简单关联、时序关联和因果关联。关联分析的目的是找出数据库中隐藏的关联网，一般用支持度和可信度两个值来度量关联规则的相关性，引入兴趣度、相关性等参数，使得所挖掘的规则更符合需求。

2. 聚类分析

聚类是把数据按照相似性归纳成若干类别，同类中的数据彼此相似，不同类中的数据相异。聚类分析可以建立宏观的概念，发掘数据的分布模式，以及可能数据相关属性之间的关系。

3. 分类

分类就是找出一个类别的概念描述，它代表了这类数据的整体信息即该类的内涵描述，并用这种描述来构造模型，一般用规则或决策树模式表示。分类是利用训练数据集通过一定的算法而获得分类规则。分类可被用于规则描述和预测。

4. 预测

预测是利用历史数据找出变化规律，建立模型，并由此模型对未来数据的种类及特征进行预测。预测关心的是精度和不确定性，通常用预测方差来度量。

5. 时序模式

时序模式是指通过时间序列搜索出的重复发生概率较高的模式。与回归一样，它也是用已知的数据预测未来的值，但这些数据的区别是变量所处时间的不同。

6. 偏差分析

在偏差中包含很多有用的知识，数据库中的数据存在很多异常情况，发现数据库中数据存在的异常情况是非常重要的。偏差检验的基本方法就是寻找观察结果与参照之间的差别。

（二）数据挖掘的过程

定义问题：清晰地定义出业务问题确定数据挖掘的目的。

数据准备：选择数据——在大型数据库和数据仓库目标中提取数据挖掘的目标数据集；数据预处理——进行数据再加工，包括检查数据的完整性及数据的一致性、去噪声，填补丢失的域，删除无效数据等。

数据挖掘：根据数据功能的类型和数据的特点选择相应的算法，在净化和转换过的数据集上进行数据挖掘。

结果分析：对数据挖掘的结果进行解释和评价，转换成为能够最终被用户理解的知识。

知识的运用：将分析所得到的知识运用到业务信息系统的组织结构中去。

（三）数据挖掘常用技术

1. 关联规则挖掘技术

关联规则挖掘的目的是发现数据之间的关联特性。在许多应用中，往往希望发现数据上较高层次的概念的关联性，即数据库中一组对象之间某种关联关系的规则，因此产生了泛化的和多层次的关联规则挖掘方法，在数据挖掘领域中，关联规则应用最为广泛，是重要的研究方向。一般来讲，可以用多个参数来描述一个关联规则的属性，常用的有可信度、支持度、兴趣度、期望可信度、作用度。

2. 人工神经网络

人工神经网络方法仿照生理神经网络结构的非线性预测模型，通过学习进行模式识别。神经网络主要有三种模型：前馈式网络、反馈式网络及自组织网络，人工神经网络是典型的机器学习方法。人工神经网络广泛应用于预测、模式识别、优化计算等领域，也可用于数据挖掘中的聚类分析。

3. 决策树方法

决策树方法以数据集中各字段的信息增益为依据；以信息增益最大的字段作为决策树的根结点；并依次对各个子树进行类似的操作，直到确定决策树的所有结点。决策树方法可用于数据挖掘中的数据分类。

4. 基于模式的相似搜索技术

基于模式的相似搜索技术主要用于从时态数据库或共同时态数据库中搜索相似的模式。这类技术需要事先定义相似的测度，一般可用欧拉距和相关性来衡量模式的相似程度。

5. 遗传算法

遗传算法基于进化理论，并采用遗传结合、遗传变异，以及自然选择等设计方法的优化技术。它先将搜索结构编码为字符串形式，每个字符串称为个体，然后通过遗传算法（如复制、杂交、变异及反转等）对一组字符串进行循环操作，未达到进化的目的。遗传算法已经在优化计算、机器学习等领域得到广泛的应用。

6. 粗糙集方法

粗糙集理论是近年来兴起的研究不精确、不确定性知识的表达、学习、归纳等方法。粗糙集方法是模拟人类的抽象逻辑思维，它以更接近人们对事物的描述方式的定性、定量或者混合信息为输入，输入空间与输出空间的映射关系是通过简单的决策表简化得到的，它通过考察知识表达中不同属性的重要程度的方法，来确定哪些知识是冗余的，哪些知识是有用的。进行简化知识表达空间是基于不可分辨关系的思想和知识简化的方法，从数据中推理逻辑规则作为知识系统的模型。

（四）数据挖掘工具

随着越来越多的软件供应商加入数据挖掘这一行列，使得现有的挖掘工具的性能得到进一步增强，使用更加便捷，也使得其价格门槛迅速降低，为应用的普及带来了可能。

1. 数据挖掘工具分类

一般来讲，数据挖掘工具根据其适用的范围分为两类：专用数据挖掘工具和通用数据挖掘工具。专用数据挖掘工具是针对某个特定领域的问题提供解决方案，在涉及算法的时候充分考虑了数据需求的特殊性，并做了优化；而通用数据挖掘工具不区分具体数据的含义，采用通用的挖掘算法，处理常见的数据类型。

2. 数据挖掘的功能和方法

数据挖掘的功能即是否可以执行各种数据挖掘的任务，如关联分析、分类分析、序列分析、回归分析、聚类分析、自动预测等。数据挖掘的过程一般包括数据抽样、数据描述和预处理、数据变换模型的建立、模型评估和发布等，因此一个好的数据挖掘工具应该能够为每个步骤提供相应的功能集。数据挖掘工具还应该能够方便地导出挖掘的模型，从而在以后的应用中使用该模型。

3. 数据挖掘工具的特点

（1）可伸缩性

可伸缩性也就是解决复杂问题的能力，一个好的数据挖掘工具应该可以处理尽可能大的数据量，可以处理尽可能多的数据类型，可以尽可能高地提高处理的效率，尽可能使处理的结果有效。如果在数据量和挖掘维数增加的情况下，挖掘的时间呈线性增长，就可以认为该挖掘工具的伸缩性较好。

（2）可视化

这包括源数据的可视化、挖掘模型的可视化、挖掘过程的可视化、挖掘结果的可视化，可视化的程度、质量和交互的灵活性都将严重影响到数据挖掘系统的使用和解释能力。毕竟人们接受外界信息的80%是通过视觉获得的，因此数据挖掘工具的可视化能力就相当重要。

（3）开放性

开放性即数据挖掘工具与数据库的结合能力。好的数据挖掘工具应该可以连接尽可能多的数据库管理系统和其他的数据资源，应尽可能地与其他工具进行集成；尽管数据挖掘并不要求一定要在数据库或数据仓库之上进行，但数据挖掘的数据采集、数据清洗、数据变换等将耗费巨大的时间和资源。

因此，数据挖掘工具必须与数据库紧密结合，减少数据转换的时间，充分利用整个的数据和数据仓库的处理能力，在数据仓库内直接进行数据挖掘，而且开发模型、测试模型、部署模型都要充分利用数据仓库的处理能力。另外，多个数据挖掘项目可以同时进行。

（4）操作的简易性

一个好的数据挖掘工具应该为用户提供友好的可视化操作界面和图形化报表工具，在进行数据挖掘的过程中应该尽可能提高自动化运行程度。因为，它是面向广大用户的而不是熟练的专业人员。

4. 数据挖掘工具的选择

数据挖掘是一个过程，只有将数据挖掘工具提供的技术和实施经验与企业的业务逻辑和需求紧密结合，并在实施的过程中不断地进行磨合，才能取得成功，因此我们在选择数据挖掘工具的时候，要全面考虑多方面的因素。

当然，上述的只是一些通用的参考指标，具体选择挖掘工具时还需要从实际情况出发具体分析。

三、大数据挖掘技术的应用

（一）数据挖掘解决的典型商业问题

需要强调的是，数据挖掘技术从一开始就是面向应用的。目前，在很多领域，数据挖掘（data mining）都是一个很时髦的词，尤其是在银行、电信、保险、交通、零售（如超级市场）等商业领域。数据挖掘所能解决的典型商业问题包括数据库营销、客户群体划分、背景分析、交叉销售等市场分析行为，以及客户流失性分析、客户信用记分、欺诈发现等。

（二）数据挖掘在市场营销的应用

数据挖掘技术在企业市场营销中得到了比较普遍的应用。通过收集、加工和处理涉及消费者消费行为的大量信息，确定特定消费群体或个体的兴趣、消费习惯消费倾向和消费需求，进而推断出相应消费群体或个体下一步的消费行为，然后以此为基础，对所识别出来的消费群体进行特定内容的定向营销，这与传统的不区分消费者对象特征的大规模营销手段相比，大大节省了营销成本，增加了营销效果，从而为企业带来更多的利润。

基于数据挖掘的营销，常常可以向消费者发出与其以前的消费行为相关的推销材料。公司建立了一个拥有几千万客户资料的数据库，数据库是通过收集对公司发出的优惠券等其他促销手段做出积极反应的客户和销售记录而建立起来的，公司通过数据挖掘了解特定客户的兴趣和口味，并以此为基础向他们发送特定产品的优惠券，并为他们推荐符合客户口味和健康状况的产品食谱。美国的读者文摘出版公司运行着一个积累了 40 年的业务数据库，其中容纳有遍布全球的一亿多个订户的资料，数据库每天 24 小时连续运行，保证数据不断得到实时的更新，正是基于对客户资料数据库进行数据挖掘的优势，使读者文摘出版公司能够从通俗杂志扩展到专业杂志、书刊和声像制品的出版和发行业务，极大地扩展了自己的业务。

基于数据挖掘的营销对我国当前的市场竞争中也很具有启发意义，我们经常可以看到繁华商业街上一些厂商对来往行人不分对象地分发大量商品宣传广告，其结果是不需要的人随手丢弃资料而需要的人并不一定能够获得广告。如果搞家电维修服务的公司向在商店中刚刚购买家电的消费者邮寄维修服务广告，卖特效药品的厂商向医院特定门诊就医的病人邮寄广告，肯定会比漫无目的的营销好得多。

四、大数据挖掘的发展趋势

经过多年的研究与实践，数据挖掘技术吸收了许多学科的最新研究成果而逐渐形成了一个独具特色的研究分支。但数据挖掘理论仍然不成熟，没有形成完善的理论体系，数据挖掘的研究和应用还面临许多挑战。从目前情况来看，数据挖掘仍然处于广泛研究和探索阶段。一方面，数据挖掘的概念已经被广泛接受，在理论上，一批具有挑战性和前瞻性的课题被提出，吸引了越来越多的研究者。另一方面，数据挖掘的广泛应用还需要一段时间，需要工程实践的积累。随着数据挖掘技术在学术界和企业界的影响越来越大，数据挖掘的研究会向着更深入更实用的技术方向发展。目前，大学和研究机构的基础性研究大多集中在数据挖掘理论和挖掘算法的探讨上，而企业中的研究人员则更注重将其与实际商业问题的结合。根据目前的研究和应用现状，数据挖掘的研究焦点会集中在以下几个方面。

（一）数据挖掘系统的构架与交互式挖掘技术

经过多年的探索，数据挖掘系统的基本构架和过程趋于明朗，但是受应用领域、挖掘数据类型、知识表达模式等的影响，在具体的实现机制、技术路线以及各阶段或部件（如数据清洗、知识形成、模式评估等）的功能定位等方面仍需细化和深入研究。由于数据挖掘是在大量的源数据集中挖掘潜在的、事先并不知道的知识，因此与用户交互式进行探索性挖掘是必要的。这种交互可能发生在数据挖掘的各阶段，从不同角度或不同粒度进行交互。所以，良好的交互式挖掘，也是数据挖掘系统成功的前提。

（二）数据挖掘语言与系统的可视化问题

对 OLTP 应用来说，结构化查询语言 SQL 已经得到充分发展，并成为支持数据库应用的重要基石。但是对于数据挖掘技术而言，由于诞生得较晚，而且比 OLTP 应用复杂，因此开发相应的数据挖掘操作语言仍然是一件极富挑战性的工作。可视化要求已经成为目前信息处理系统中的一个必不可少的技术。对于一个数据挖掘系统来说，可视化是很重要的。可视化挖掘除了要与良好的交互式技术相结合外，还必须在挖掘结果或知识模式的可视化、挖掘过程的可视化以及可视化指导用户挖掘等方面进行探索和实践。数据的可视化消除了人们对知识发现的神秘感，从某种角度来说，起到了推动人们主动进行知识发现的作用。

（三）数据挖掘技术与特定商业逻辑的平滑集成问题

利用领域知识对行业或企业知识挖掘的约束与指导、商业逻辑有机嵌入数据挖掘过程等关键课题，将是数据挖掘与知识发现技术研究和应用的重要方向；使用背景知识或领域的信息来指导发现过程，可以使得发现的模式以简洁的形式在不同的抽象层表示，而数据库的领域知识，如完整性约束和演绎规则，可以帮助聚焦和加快数据挖掘过程，或评估发现的模式的兴趣度。

（四）数据挖掘技术与特定数据存储类型的适应问题

不同的数据存储方式会影响数据挖掘的具体实现机制、目标定位、技术有效性等。采用一种通用的应用模式适合所有的数据存储方式来发现有效知识是不现实的。因此，针对不同数据存储类型的特点，进行针对性研究是目前流行也是将来一段时间所必须面对的问题。

（五）大型数据的选择与预处理问题

数据挖掘技术是面向大规模数据的。通常，源数据库中的数据可能是动态变化的，数据存在噪声、不确定性、信息丢失、信息冗余、数据分布稀疏等问题。数据挖掘技术又是面向特定目标的，大量的数据需要有选择性地利用，因此需要挖掘前的预处理工作。随着复杂数据的大量出现，如何快速、有效地对数据进行预处理使之适合特定的应用，需要更深入的研究。

（六）数据挖掘理论与算法研究

经过十几年的研究和发展，数据挖掘已经在继承和发展相关基础学科（如机器学习、统计学等）成果方面取得了可喜的进步外，也探索出了许多独具特色的理论体系。但是，这并不意味着挖掘理论的探索已经结束，恰恰相反，这给研究者留下了丰富的理论课题。一方面，在这些大的理论框架下，有许多面向实际应用目标的挖掘理论有待进一步的探索和创新；另一方面，随着数据挖掘技术本身和相关技术的发展，新的挖掘理论的诞生是必然的，而且可能对特定的应用产生推动作用。新理论的发展必然促进新的挖掘算法的产生。这些算法可能扩展挖掘的有效性，如针对数据挖掘的某些阶段、某些数据类型、大容量源数据集等更有效，可能提高挖掘的精度或效率，可能会融合特定的应用目标，如客户关系管理（CRM）、电子商务等。因此，对数据挖掘理论和算法的探讨将是长期而艰巨的任务，特别是像定性定量转换、不确定性推理等一些根本性的问题还没有得到很好的解决，同时需要研发针对大容量数据的有效和高效算法。

（七）与数据库、数据仓库系统集成

数据挖掘系统设计的一个关键问题是如何将数据挖掘系统与数据库系统和数据仓库系统集成或耦合。一个好的系统结构将有利于数据挖掘系统更好地利用软件环境，有效、及时地完成数据挖掘任务，与其他信息系统协同和交换信息，适应用户的种种需求，并随时进化。

（八）与语言模型系统集成

目前，关系查询语言（如 SQL）允许用户提出特定的数据检索查询，但尚不能简单实现数据挖掘的功能。需要开发高级数据挖掘查询语言，使得用户通过说明分析任务的相关数据集、领域知识、所挖掘的知识类型、被发现的模式必须满足的条件和约束，描述特定的数据挖掘任务。这种语言应当与数据库或数据仓库查询语言集成，并且对有效的灵活的数据挖掘是优化的。

（九）挖掘各种复杂类型的数据

对于不同的用户可能对不同类型的知识感兴趣，数据挖掘应当涵盖范围很广的数据分析和知识发现任务，包括数据特征化区分、关联与相关分析、分类、预测聚类、异常分析和演变分析（包括趋势和相似性分析）。这些任务可能以不同的方式使用相同的数据库，并需要使用大量数据挖掘技术。

（十）支持移动环境

移动互联网正在给信息产业带来一场深刻的变革，移动计算将成为主流计算环境。所谓移动计算是指利用移动终端通过无线和固定网络与远程服务器交换数据的分布式计算环境。数据挖掘技术已经成为一种能将巨大数据资源转换成有用知识和信息资源，帮助我们

进行科学决策的有效工具。数量庞大的移动用户对数据挖掘服务有着潜在的巨大需求，基于移动计算的数据挖掘研究已被提上了研究日程。基于移动计算的数据挖掘有效地解决了对异构数据库和全球信息系统的信息挖掘问题，必将在新一轮的技术竞争中成为持续发展的增长点。

从上面的叙述可以得知，数据挖掘研究和探索的内容是极其丰富和极具挑战性的。

第三节　大数据技术推动高校发展的对策

一、大数据环境下高校学生工作管理现状

（一）学生管理工作者思想准备不足

在传统思维模式下，对于学生的管理主要依靠于规章制度和教师的说教。而管理的效果主要依靠教师的管理能力，学生管理工作者习惯于用传统的管理方法解决问题。在大数据的环境和背景下，分析学生的思想或者观察学生的行为，都要依靠数据，大数据的出现让学生管理工作者开始统计各方数据，而不能简单地依靠日常的考核。各方数据统计出来之后，应该转变思维方式，改变工作思路重视大数据带来的新变化。

（二）学生管理工作者管理水平缺乏

互联网高速发展的一个重要现象就是信息数据的激增，其中比较常见的是上网使用浏览器会在网络地址上面留下记录，同时运用打字输入法时会在电脑中记录经常出现的词汇，很多手机软件使用者的电脑信息的数据会上传到网络上面，让数据呈现爆炸式增长。在高校，随着信息化建设的逐步完善，学生管理工作者获得的数据越来越庞杂，这就需要专门的人才对数据进行分析、解读。在国外诸多高校已经成立专门机构收集整理数据。反观国内，没有数据管理机构，没有良好的管理体制和管理方法，从而导致数据的完整性差、准确性低，对高校学生的管理造成了诸多不便。

（三）大数据的技术作用尚未开发应用

虽然说现在有的高校已经加强了对互联网工作的认识能够充分利用互联网的优势开展工作。但是，对于数据的收集、存储、处理和分析，没有得到学生管理工作者深层次的运用，甚至于没有被他们所了解。更不用说通过数据分析，来知晓学生的学习状态、生活状态以及对他们的间处理和追踪。造成这方面的原因就是，大数据的技术没有得到完全开发和运用。更深层次的原因就是各高校人才的缺乏和对于技术的限制。

（四）对学生相关数据信息的采集和信息安全的管理问题

大数据时代，顾名思义，高校对于学生的管理都应该和数据相关，都应该以数据为基础进行分析。而分析的基础就是对相关数据进行采集。学生的个人基本信息、家庭信息、成绩信息、平时表现信息等和学生相关的一切信息都应该进行收集、分析，但是由于大数据时代刚刚来临，没有统一的数据规范及数据管理方式，造成数据统计的标准不一致，这就造成了数据统计量的增加、数据统计后分析工作的繁杂。大数据时代的另一个需要注意的方面是对于收集到的学生信息安全的管理问题。在传统信息时代对于学生的信息安全保护也是一个重要的问题，而在大数据时代，学生的信息安全就是更为重要的问题。

二、大数据时代高校学生管理工作的应对策略

（一）转变传统思维模式，充分认识大数据

大数据时代对于高校学生管理工作者首要的要求就是及时转变思想观念，树立大数据意识。将大数据思维应用于实际工作之中，在实际工作中及时收集数据、统计数据、分析数据、存储数据，对数据背后的管理工作提供数据上的支持。总之，通过运用大数据的思维模式解决大数据的问题，而不是沿用传统思维模式解决大数据的问题。管理者只有提高认识转变思维，才能推动大数据应用的发展。

1. 用开放的视角看待和接纳大数据

大数据作为信息技术发展的又一高潮，被誉为将到来的"第三次工业革命"的代表性技术之一，其对社会变革的影响力不容置疑。而高等教育作为教育的最高级阶段，因其服务社会的基本职能而与社会的联系更加紧密。与此同时，大数据和高等教育之间亦存在着相互促进、相互制约、共同发展紧密联系，其三者之间天然具有非常紧密的联系，高校应重视大数据对高等教育发展的推动作用，将其作为自身综合改革中有效的补充手段。

2. 正确认识大数据的作用和意义

通过充分全面地认识大数据作用和价值，避免对大数据"一刀切"式的应用，高等教育中不同领域有区别有选择地应用反而能够更有效地发挥大数据的作用。数据代表着对事物的描述，并能够对事物进行记录、分析和重组；数据化是指一种把现象转变为可以制表分析的量化形式的过程。大数据是一种将世间一切数据化的尝试和努力，而大数据发展的核心动力正是源于人类测量、记录和分析世界的渴望。大数据不仅是海量数据这样的信息实体，更是一种技术和思维，让人类发掘到又一个新的前进方向。

大数据的价值正是在于赋予我们一条新的途径和一种新的方法，让我们站在一个新的角度重新审视过去、发现现在和感知未来。当一切信息被挖掘、被分析、被简单地呈现，以往不能发现的事实被袒露出来，世界不再是云里雾里，人们可以看到真实和真相，而不再是简单、无法辨别的被引导。与此同时，人们通过对过去的洞察，就可以基于客观的经

验规律对未来的一些事物进行科学的预测，从此预测不再是臆测，未来不再是完全的不可知，大数据为我们凿开了小小的一个洞孔，我们得以窥见洞穿未来迷雾的一束光。

3. "否定之否定"式发展大数据思维

通过大数据思维的吸收、反思和探索，高等教育作为大数据研究的重要组成部分和大数据应用的新高地，参与并推进大数据思维遵循着"否定之否定"的规律走向成熟和完善。虽然必须承认大数据作用的有限性，但不可否认的是，大数据仍蕴含着巨大的科学和社会价值，而如今我们还只是踏入了大数据宝库的大门，对大数据本身的认识尚不完全，远远谈不上对大数据充分和自如地运用。

4. 建立大数据应用的伦理和规范

通过对大数据带来的新技术变革的"顺应"和"同化"，高等教育具备在学理和文化层次对大数据的思考，并从哲学、社会学、法学、伦理学等角度去规范大数据的研究和应用，以保持大数据引发社会变革的有序性和平稳性。在正确认识大数据价值与意义的基础上，当前人类需要考虑的是如何发挥大数据的作用以及为大数据的应用建立规范。如果将大数据视为当今世界技术变革浪潮中的又一高峰，面对这种技术变革，人类不仅需要"顺应"，也应进行"同化"。

（二）提高学生管理队伍的信息处理技能水平

大数据时代学生管理工作者每天要面对纷繁庞杂的数据，如何处理这些数据，选择出有价值的信息、分析出数据背后的深层次意义，这些都要求高校学生管理工作者必须拥有处理信息的能力、有处理复杂问题的水平，也就是说，大数据时代需要更多的数据技术性复合人才。从当前来看，在短时间内要拥有一支可以处理大数据能力的队伍，必须要求学生管理作者不断地进行各类不同的技术培训，掌握数据的理论研究方法，提高计算机使用能力和信息的处理、分析能力。能够通过对数据的分析及时了解学生的思想动态状况、了解学生所关心的热点问题。

（三）创建高校间大学生数据交流平台

现在各高校都会对学生的信息统计数据，但是各高校间的统计方式必然是有区别的。那么在大数据时代来临之际，如何将各高校的数据整合在一起，做到信息共享，更好地为学生服务，一个有效的方法就是创建高校的数据交流平台。在推进信息化建设过程中需提高对数据信息的敏感性，主动收集、整理信息数据并认真分析。

1. 建立大数据平台，整合数据资源并简化大数据应用

建立高校大数据应用平台，在整合原有信息系统的基础上主要包括对数据采集设备、数据传输网络、数据储存和分析系统的升级和建设，并通过对数据和应用的高度集成将复杂的大数据处理程序交付专业人员处理，为一线教师减轻负担。高校大数据应用平台是一种将学校信息设备升级和信息系统整合后的高度集成的信息处理平台，通过强大的数据收

集和分析能力，可以有效地提高数据管理的质量和效率，促进资源共享，为高校管理决策提供证据支撑，利用大数据集成推动高校资源配置的优化，同时大数据工具的集成简化了大数据的应用，实现大数据在人才培养、科学研究、社会服务和文化传承创新等多个方面推动高等教育的发展。

2. 发展大数据技术，实现大数据本身功效的提升

当前的大数据技术已具备基础的大数据处理能力，但是还谈不上成熟，在大数据的处理流程中，特别是数据收集、存储和分析等环节现有技术仍无法满足人们对数据信度和效度、数据传输和存取实时性、数据分析效率的要求，同时整个大数据技术体系的成本和处理流程的能耗在当前也不能让人满意，因此进行技术方面的改善和突破便势在必行，对于高等教育来讲，成熟的大数据技术体系的开发将更有效地发挥大数据对高等教育的发展推动作用，也将极大地改善大数据在高校中应用局限性的窘境，而成本和能耗的降低也将获得更多高校对大数据的认可，吸引更多的高校采用大数据参与进教学、科研和管理等活动中去，这无疑将促进大数据在高等教育中深入发展。

（四）加强信息监管、制定相关制度

大数据意味着信息量的增加以及信息泄露概率的增加。一旦这些信息被泄露出去，会造成很大的数据风险。信息安全是一项技术类问题，同时也是管理问题，因而必须加强对信息的监管力度、建立完善的信息安全保护制度。同时，加强对重点领域数据库的日常监管。

（五）优化高校资源配置，提高大数据利用效率

对于大数据而言，高校进行资源整合的基本前提和目的就是为改变高等教育对大数据的局部不适应，并通过大数据的有效应用推动高等教育进行创新和改革。大数据在高校中应用本身是推动高等教育信息化、促进高等教育改革以及提升高等教育质量的一个有效手段，而高校满足大数据应用资源需求既能够实现自身的战略目标，又能够通过对高等教育信息化的推进、人力资源的提升以及校际联盟的成立整合自身资源配置、发挥资源最大效益并实现资源的有效共享。

首先是围绕建设高校数据平台的目标，升级学校的软硬件配置。对于高校大数据平台的软硬件配置来说，主要问题是缺乏对更全面的过程数据的采集能力，不过以传感器、射频识别设备、智能嵌入设备和激光扫描设备为核心设备群的"物联网"的加入，将大大改善这种状况。物联网不仅能够实时地感知并传送数据，通过与计算中心的连接，还能根据命令对"网"中的物体进行实时的控制，这极大地扩展了大数据平台信息收集和反馈的能力；而对于数据传输网络，大数据对实时处理的要求必定需求较快的数据传输速度，很多高校当前的数据传输速度无法实现对包括视频、音频在内的大规模数据的实时传输，需要通过更改有线和无线网络布局、升级网络设备和优化数据传输机制等措施升级数据传输系统；对于数据存储和分析系统，根据各校经费状况平衡成本和效率，高校应有区别地引入

分布式数据管理系统和云科技系统对现有数据存储和分析系统进行升级，前者能够在不损坏数据的基础上对数据规模进行一定程度上压缩，并具备一定的大数据处理能力，而后者在付费情况下能够提供较大的额外存储空间和强大的数据计算能力。

其次是创新和丰富数据文化。大数据的本质是一种技术和工具，是人类认识世界、解决问题的一种方式，它包含着将世界"数据化"的目的，是工具理性的天然扩张，但大数据必须置于人的控制之下，束缚在价值理性的"牢笼"里，人们拒斥"工具理性"，但并不拒斥理性。

最后是加强对大数据的推广。高校应利用自身学术权威的地位，通过对大数据进行学理的反思、实践的验证以及进一步发展的研究，规范大数据的发展并将正确的大数据理念应用社会，促进社会各界对大数据的充分认识；开发简单易用大数据应用，注意应用的友好度，对于大部分管理者、教师和学生等非专业直接应用人员，过于复杂的操作将大大消磨其使用大数据工具的积极性；满足希望提升自身大数据应用能力的社会人员培训需求，展开大数据相关能力的培训，从理念和技术上提升其能力以达到其学习要求；满足希望从事大数据相关职业的学生的学习需求，开设数据科学、大数据等相关专业，培养专业的大数据人才。

总之，高校应充分利用其特有的创造知识和传播知识的巨大能力，大力发挥其培养人才、发展科学、服务社会以及传承创新文化的职能，完善并推广大数据的应用，助推全民数据素养的提升。

（六）重视大数据人才的培养，提高大数据服务质量

首先是成立"大数据应用与研究联盟"，单所高校资源的不足和力量的薄弱不足以支撑某些耗资耗费巨大的大数据应用和整体的大数据研究，那么寻求高校间甚至高校与社会科研机构、政府以及行业企业的合作与联盟，以谋求更多的资源，便成了必然选择，正如当前在我国方兴未艾的"2011 工程"中重点建设的协同创新中心，通过充分汇聚现有创新力量和资源，发挥高校多学科、多功能的综合优势并进行校校、校企的机构间的优势互补，开展涉及科技前沿、文化传承创新、行业产业和区域发展等方面的协同创新工程，这使高校通过资源的相互补充和配置优化而得以进行其单独所无法开展的研究项目，无疑大大提高了高校资源的利用和共享效率。其次是加强对大数据人才队伍的建设，即对大数据应用人才、大数据管理人才和大数据研究人才整体队伍的建设。引进和培养大数据应用与管理人才，加强对大数据技术的应用能力，主要包括对大数据应用和管理人才的引进，对专业数据人才的培养以及对学校教师大数据意识和素养提升的培训。

大数据与具体学科结合的研究，需要具有学科背景的大数据研究人才，这同样需要高等教育进行交叉学科的建设和人才培养，以拓展大数据时代学科发展的实现途径。通过加强对大数据人才的引进和培养，高校为大数据的进一步应用完善人力资源配置，并为高校大数据应用和研究提供人力支撑，这是促进大数据和高等教育有机结合的重要保障。

三、大数据时代高校统计工作的机遇与挑战

（一）数据环境下高校统计工作的机遇

1. 智能软件和硬件的使用大大提高了统计工作的效率

高校要统计工作科目＝繁多，统计工作量庞大，而智能硬件和软件的使用，改变了传统的工作方法。统计部门在进行数据统计时以采集信息、录入信息为主，数据的统计、分析及报表生成，则依靠智能软件来完成，大幅提高了统计工作的工作效率。

2. 统计工作的准确性进一步提升

传统统计工作主要依靠人力收集和整理统计数据，错误时有发生。而大数据背景下的统计工作，只需录入相应基本信息，就可以运用智能设备和软件计算出所需数据，减少了人为因素造成的数据错误现象，大幅提高了数据统计工作的准确性。

3. 统计工作的标准化进程加快

随着智能设备和智能软件的使用，统计工作的标准化也在不断推进，高校统计工作渐成独立模块，形成完整体系。

4. 统计部门逐渐成为高校管理的重要依托

随着信息一体化进程的推进，在大数据环境下，数字化的综合信息平台成为很多高校师生日常工作学习必不可少的智能软件。统计部门逐渐成为高校经营管理的重要依托。

（二）大数据环境下高校统计工作的挑战

1. 统计人员的人力使用减少，工作职能弱化

以往统计需要大量人力、物力支持，而在大数据背景下，依托智能统计硬件与软件，统计人力的使用减少，致使一部分统计业务能力较弱的统计工作人员面临被淘汰。

2. 传统的统计工作模式遭到冲击

传统的人工填报表、回收报表、统计报表数据的工作模式已逐渐被淘汰，在信息化时代的今天，基层数据统计部门的固有工作模式被智能设施取代，基层数据统计工作终将面对更大的压力。

3. 统计部门的数据分析能力有待进一步提高

统计部门的素质人才相对匮乏，统计手段相对落后，甚至出现工作人员业务能力无法适应统计硬件、软件设备的更新，进而造成对原始数据的分析解读不到位，直接影响了数据统计工作的顺利进行和发展。

4. 统计部门需加强安全防范意识

随着信息时代的来临，网络技术运用广泛，各行各业都有机密信息外漏的风险，作为高校应该采取积极措施，防患于未然，注重提高自身信息安全。

参考文献

[1] 马宁 . 云计算关键技术 [M]. 成都：电子科技大学出版社，2016.

[2] 卿昱 . 云计算安全技术 [M]. 北京：国防工业出版社，2016.

[3] 侯莉莎 . 云计算与物联网技术 [M]. 成都：电子科技大学出版社，2017.

[4] 梁凡 . 云计算中的大数据技术与应用 [M]. 长春：吉林大学出版社，2018.

[5] 赵亮 . 云计算技术与网络安全应用 [M]. 成都：电子科技大学出版社，2017.

[6] 赵凯，李玮瑶 . 大数据与云计算技术漫谈 [M]. 北京：光明日报出版社，2016.

[7] 聂晶 . 云计算与虚拟化技术应用的综合分析 [M]. 长春：东北师范大学出版社，2017.

[8] 黄柯鑫 . 云设计资源生态化管理技术 [M]. 西安：西北工业大学出版社，2016.

[9] 许守东 . 云计算技术应用与实践 [M]. 北京：中国铁道出版社，2013.

[10] 陈国良，明仲 . 云计算工程 [M]. 北京：人民邮电出版社，2016.

[11] 程满玲 . 云技术及大数据在高校中的应用 [M]. 北京：中国时代经济出版社，2014.

[12] 徐红，顾旭峰 . 云计算网络技术与应用 [M]. 北京：高等教育出版社，2018.

[13] 王鹏，等 . 云计算与大数据技术 [M]. 北京：人民邮电出版社，2014.

[14] 张绍华，潘蓉，宗宇伟 . 大数据治理与服务 [M]. 上海：上海科技大学出版社，2014.

[15] 娄岩 . 大数据技术应用导论 [M]. 沈阳：辽宁科学技术出版社，2017.

[16] 娄岩 . 大数据应用基础 [M]. 北京：中国铁道出版社，2018.

[17] 刘思源，张金 . 大数据大营销 [M]. 北京：中国发展出版社，2017.

[18] 胡沛，韩璞 . 大数据技术及应用探究 [M]. 成都：电子科技大学出版社，2018.

[19] 樊重俊，刘臣，霍良安 . 大数据分析与应用 [M]. 上海：立信会计出版社，2016.

[20] 何克晶，阳义南 . 大数据前沿技术与应用 [M]. 广州：华南理工大学出版社，2017.

[21] 刘宁，钟莲，赵飞 . 云计算与大数据的应用 [M]. 北京：北京工业大学出版社，2017.

[22] 祁梦昕 . 云计算与大数据环境下的互联网金融 [M]. 武汉：武汉大学出版社，2016.

[23] 赵魁 . 云计算与大数据的应用 [M]. 北京：煤炭工业出版社，2017.

[24] 王强 . 互联网思维下的云计算和大数据 [M]. 武汉：湖北科学技术出版社，2016.

[25] 罗鹏 . 大数据技术在计算机信息系统中的应用 [J]. 电子技术与软件工程，2018

（18）：153.

[26] 肖景霞，靳珍珍．大数据云计算背景下的数据安全研究 [J]．信息与电脑（理论版），2018（19）：209-210.

[27] 李振波．大数据时代下云技术在图书馆数据存储中的应用 [J]．电子技术与软件工程，2018（01）：183.

[28] 薛子璞．大数据、云计算技术在智慧城市中的应用 [J]．电子测试，2018(11)：120-121.